动漫设计与制作职业教育新课改教程

Maya基础训练教程

主　编　袁　帆

参　编　高媛鸿　权　昊　李　悦　赵　耀　芮　莉

丁丽娟　吴　蕾　张仲尧　李　旭

机　械　工　业　出　版　社

本书在讲解Maya各模块，各种常用工具参数的同时，配以精美的实例操作，真正做到命令与实例并举、理论与实践结合。本书以模块为基本写作单元。每个单元介绍完整的功能和制作技巧，教师可根据课时来讲解，然后配合相应的上机时间来完成教学任务。本书以生活中的项目为实例，最大程度地激发了读者的学习兴趣，力求使读者学习轻松、上手容易。全书共分4篇，分别是基础篇，建模篇，动画篇，渲染篇。基础篇主要介绍了3D动画的知识和Maya软件的基本概念；建模篇包括做模型的计划、多边形建模、NURBS建模、细分表面建模；动画片包括关键帧动画、驱动关键帧、路径动画、摄像机动画、生动的栏目包装、骨骼的简单应用（高级动画）；渲染篇包括渲染概述、渲染的基础知识、光、Maya灯光、材质、渲染输出。

本书还配有电子课件和实例素材，读者可到机械工业出版社教育服务网（www.cmpedu.com）上免费注册下载，或联系编辑（010-88379194）咨询。

本书适合作为职业院校电脑动画专业的教科书和社会三维动画培训班的教材，也可供广大CG爱好者阅读。

图书在版编目（CIP）数据

Maya基础训练教程/袁帆主编. —北京：机械工业出版社，2010.9（2025.1重印）
动漫设计与制作职业教育新课改教程
ISBN 978-7-111-31887-3

I. ①M… II. ①袁… III. ①三维—动画—图形软件，Maya—职业教育—教材
IV. ①TP391.41

中国版本图书馆CIP数据核字（2010）第178557号

机械工业出版社（北京市百万庄大街22号 邮政编码100037）
策划编辑：梁 伟 孔熹峻　　责任编辑：蔡 岩
封面设计：鞠 杨　　责任印制：刘 媛
涿州市般润文化传播有限公司印刷

2025年1月第1版第9次印刷
184mm×260mm・10印张・242千字
标准书号：ISBN 978-7-111-31887-3
定价：35.00元

电话服务	网络服务
客服电话：010-88361066	机 工 官 网：www.cmpbook.com
010-88379833	机 工 官 博：weibo.com/cmp1952
010-68326294	金 书 网：www.golden-book.com
封底无防伪标均为盗版	机工教育服务网：www.cmpedu.com

前　言

在计算机信息技术飞速发展的今天，以计算机图形学为基础的三维动画技术迅速崛起，并被广泛应用在电影、游戏及一些虚拟现实的场合中，为广大艺术家提供了更为广阔的可以发挥想象力的舞台。同时也使观众极大地开拓了视野，视觉感官得到了充分的享受。

Maya 是一个优秀的三维动画制作软件，已获得多项国际大奖，有着广泛的应用领域，如计算机游戏制作、影视制作、广告设计、建筑与环境艺术表现、工业仿真、产品设计、虚拟现实等。设计师必须具有技术和艺术两个方面的才能，才能生产出优秀的作品。

本书的内容全部由南京汉恩游戏动画制作有限公司的一线工作人员负责编写，他们除了在职业院校从事教学工作外，还有着丰富的项目实践经验。其中包括众多的商业项目和政府项目，如“华润电力集团形象宣传片”“中国银行网银广告片”“泰州电视台整体栏目包装”等。本书的每个案例，都是实际的项目，让读者身临制作现场，体验项目成功的快感。

在本教材编写的过程中，在突出教材实用性的同时，我们坚持“观念新、写作手法新、实例新”的理念，一方面在写作上突破死板和教条的语言，将各个学习点从基础到不断深化的过程体现得活泼而生动；另一方面，突出最新的实例来指导教学，拉近知识与生活的距离，让学生在最新的资讯中以最简单的方式获得知识。

本书由袁帆主编，参与编写的还有吴蕾、高媛鸿、权昊、李悦、赵耀、芮莉、丁丽娟、张仲尧、李旭。

本书不仅可以作为各职业院校动画专业和社会三维动画培训班的专业教材，同时也适合广大动画爱好者自学及创作参考。

由于时间的紧迫性以及动画本身创作的复杂性，加之 Maya 软件技术更新的快速性，在编写过程中肯定存在着诸多的不足和纰漏，恳请广大专家、同行批评指正。

编　者

目　录

Maya 基础篇

Beginners

第1章 绪言——3D 的故事

在正式学习 Maya 之前，我们首先要了解 3D 的知识。三维动画软件创建了一个虚拟的三维空间，设置各种工具，用这些工具可以在软件平台上制作出各种模型，然后设置好相应的材质并赋予模型，无论是材质的变化还是模型位置的变化都将会被录制为动画，如图 1-1 所示。

图 1-1 上了材质灯光后模型的效果

三维软件是利用计算机制作几何模型的软件，最早只能在专业图形工作站上使用，随着计算机的飞速发展和普及，三维动画软件也纷纷被移植到计算机上。在 DOS 时代，美国的 Autodesk 公司的 3DS 三维动画软件几乎垄断了计算机的三维动画市场。1994 年 Microsoft 用 1.3 亿美元收购 Softimage 公司。1995 年推出了基于 Windows NT 平台的 Softimage 3.0 版本，影响了三维动画领域。1996 年 KINETIS 公司推出 3DS 位于 Windows NT 版本的 3DSmax VIZ 版本。这个版本在操作和功能上都有了质的飞跃。到了 1998 年，Alias 公司因为电影的需要，开发并推出了 Maya1.0 版本。此后各种大中小型的三维应用软件如雨后春笋般，浮现于市。

3D 软件按功能的复杂程度和操作的难易程度大致可以分为大型、中型、小型三种类型。

1. 小型三维软件

小型三维软件是一种整理功能较弱或者偏重于某些功能的软件，学习相对简单一些。

Poser：用于快速制作人体模型，通过拖动鼠标可以迅速改变人体的姿势，并可以生成简单的动作。

Rhino：用于三维造型软件，擅长于 NURBS 曲面造型，能以三维轮廓线建立模型。

Cool3D：专用于立体字的制作，可以提供很多背景和动态的效果，操作非常简单。

LightScape：渲染专用软件，只能对输出的模型进行渲染，能进行材质灯光的设定，采用光能传递算法，是最好的渲染器之一，多用于室内外灯光效果的渲染。

Bryce3D：擅长于自然景观的绘制，如：山、水、天空等的制作，效果非常好。

2. 中型三维软件

3DMAX：功能强大，整体性好，开放性好，集建模、材质、动画等功能于一体，是目前主流的三维动画软件之一。

LightWave3D：功能强大的一款渲染软件，渲染出的图片效果质感非常细腻，与其他软件的接口应用方便，易学易用，渲染出来的效果和质感非常优秀。

3. 大型三维软件

Softimage3D：功能极其强大，多用于卡通造型和角色动画，渲染效果非常好，是影视制作不可缺少的工具之一。国内现在许多影视广告公司使用它来制作电视片头和广告。

Maya：功能在 Softimage3D 之上，是目前最优秀的三维动画制作软件之一，是 Alisa 公司 1998 年开发的软件，经过这 10 多年的努力，已经发展成为三维动画领域的一朵奇葩。

Houdini：将平面图像处理、三维动画和视频有机地结合起来的一款软件。

三维制作软件可以广泛应用在很多领域，如前面我们提到的影视制作、游戏制作，还能应用到机械设计、建筑装潢设计、商业包装设计等领域，现在还更扩展到生物科学领域、军事领域等，三维动画技术正在更广泛地被大众所认识和应用。

1998 年 Alias/Wavefront 公司推出了 Maya 这款三维制作软件，短短几年内，Maya 以其强大的功能在 3D 动画界造成巨大的影响，已经渗入到电影、广播电视、公司演示、游戏可视化等各个领域。成为三维动画软件的佼佼者。

随着一个一个活灵活现的三维角色如《精灵鼠小弟》中的鼠小弟，《恐龙》中各种绝种的史前巨兽等在大银幕上的活跃，更加奠定了 Maya 在三维动画软件界的领头羊的地位。Maya 此后更为广泛地应用在电影的特效制作中，如诗史电影《角斗士》中宏伟的场景制作，电影《黑客帝国》系列和《透明人》（见图 1-2）系列中的特效制作。Maya 正进入一个快速发展的时期。

图 1-2　电影《透明人》中场景

而中国三维动画电影也随着软件的发展，进入到一个新的阶段。一些好莱坞的电影特效部分在中国制作如《致命紫罗兰》中的特效和场景的制作。而 Maya 的应用也更广泛地被国内的电影、电视剧、栏目包装等应用，如中国人自己利用 5 年时间制作的纪录电影《圆明园》、《老夫子》（见图 1-3）、电视剧《射雕英雄传》以及央视的栏目片头等。

图 1-3　电影《老夫子》

随着多年 Maya 人的努力，Maya 的能力在不断提升。其内置的特效工具也越来越多。例如：花儿自由地生长，小草在微风中飘动等，如图 1-4 所示。

瓢泼的大雨、纷纷飘落的雪花、丛林山庄、飞舞的花瓣等这些美丽的场景，现在都能利用 Maya 制作了，如图 1-5 所示。特效笔触很有乐趣，仿佛是自己在作画。

图 1-4　随风摆动小草的特效效果

图 1-5　飞舞花瓣的特效效果

第 2 章 初探 Maya

2.1 Maya 界面介绍

Maya 的界面主要由 17 个部分组成，如图 2-1 所示。

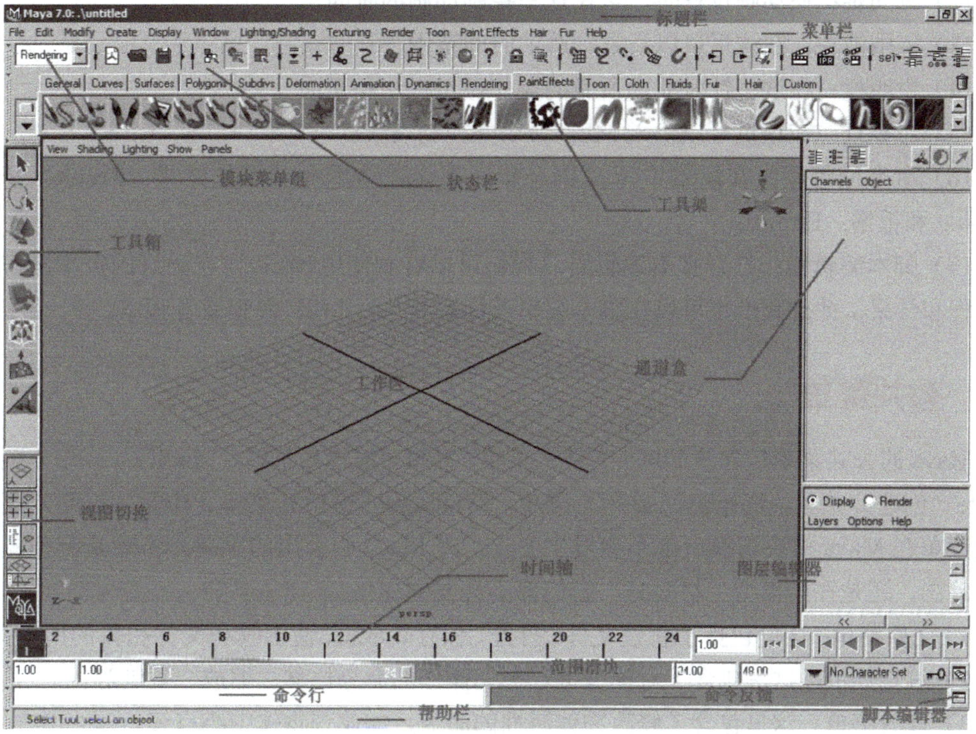

图 2-1 Maya 的界面

1）标题栏：在界面的最上端蓝色的部分，这里显示 Maya 的版本信息，以及当前操作文件的名称和被选物体的名称。

2）菜单栏：这里包括了 Maya 所有的命令菜单。

3）模块菜单组：可以在这里设置 Maya 动画、建模、动力学、渲染、布料、LIVE 等模块之间的相互切换。

4）状态区：状态区包括了新建场景、打开场景、保存场景、层级选取方式等常用命令的图形显示。

5）工具架：这里将 Maya 的部分常用命令以图示（ICIN）的方式显示出来，很直观，非常方便初学用户使用这些命令。

6）工具箱：这里包含了 Maya 的最常用的操作方法，如选择、移动、缩放、旋转等。它们都是以直观的图片方式来表达，简单明了且方便操作。

7）视图切换：通过单击图标，可以直观地看到自由视图、四视图、动画曲线编辑器、大纲视图、材质编辑器等。

8）工作区：工作区也可称为视图区，是进行 Maya 操作的窗口，也就是 Maya 软件给我们创造的虚拟空间。

9）面板菜单：与视图的操作相关的命令都被包含其中，而且随着面板的变化而变化。

10）通道盒：这里列出了当前被选物体的主要属性以及参数。

11）图层编辑器：这里通过层的管理来管理整个场景，方便选择和操作。

12）时间轴：在动画设置时，可在这里控制动画的时间。

13）范围滑块：在这里可以设置动画的时间范围。

14）说明栏：在这里针对前面所做的操作做出提示和帮助。

15）命令行：在这里可以输入 MEL 命令并控制场景。

16）命令回馈栏：在场景中每操作一步，都会在这里显示操作结果：Result、警告：Warning 和报错：Error。

17）脚本编辑器：打开脚本编辑器，我们可以看到使用 MEL 语言记录的每步操作、执行过程和结果，此外我们也可以在脚本编辑器编写和执行 MEL 命令或者脚本。

2.2 公共菜单

Maya 的公共菜单包含了 File（文件）菜单、Edit（编辑）菜单、Modify（修改）菜单、Create（创建）菜单、Display（显示）菜单、Windows（窗口）菜单、Help（帮助）菜单。这些菜单在 Maya 模块切换后都不会发生变化，是 Maya 中公用的菜单。不管是制作模型、调试动画，还是在给模型上材质时，它们都不会发生变化。

1）文件菜单：这里包括了新建文件、打开、保存、导入、输出等和文件相关的所有菜单。

2）编辑菜单：这里包含了对模型进行一切操作的命令位移、缩放、复制等。

3）修改菜单：这里包含了修改物体属性的命令，如找到物体中心点等。

4）创建菜单：这里提供了 Maya 中所有物体的创建方式，如原始几何体、曲线、摄像机、灯光、文字等。而且提供了各种建模方式的转换等。

5）显示菜单：这里提供了 Maya 各种元素的显示方式，方便制作。

6）窗口菜单：这里提供了各个模块的编辑器，方便制作。

7）帮助菜单：这里包含了 Maya 所有的帮助信息，可以查到所有命令应用的信息等。

2.3 面板菜单

Maya 的面板菜单是在 Maya 工作区的每个面板左上方，它由 View（视图）菜单、Shading 菜单、Lighting（灯光）菜单、Show（显示）菜单、Panels 菜单 5 个部分组成。

1）View（视图）菜单：这里的命令是和摄像机的设置有关的命令。

2）Shading 菜单：这里提供了工作区内对模型操作的命令。

3）Lighting（灯光）菜单：这里可以选择照明的类型，默认状态为 Use Default Lighting（使用系统默认光源），可以通过选择不同的命令来改变光源。

4）Show（显示）菜单：这里可以控制各种类型模型、控制手柄、动画手柄、骨骼等在工作区内的显示，方便对整个工作区的编辑。

5）Panels 菜单：这里可以选择摄像机等对工作区进行操作。

2.4 热盒

在 Maya 操作界面，最具创意也是最人性化设计的地方便是热盒（Hot Box）了，如图 2-2 所示。

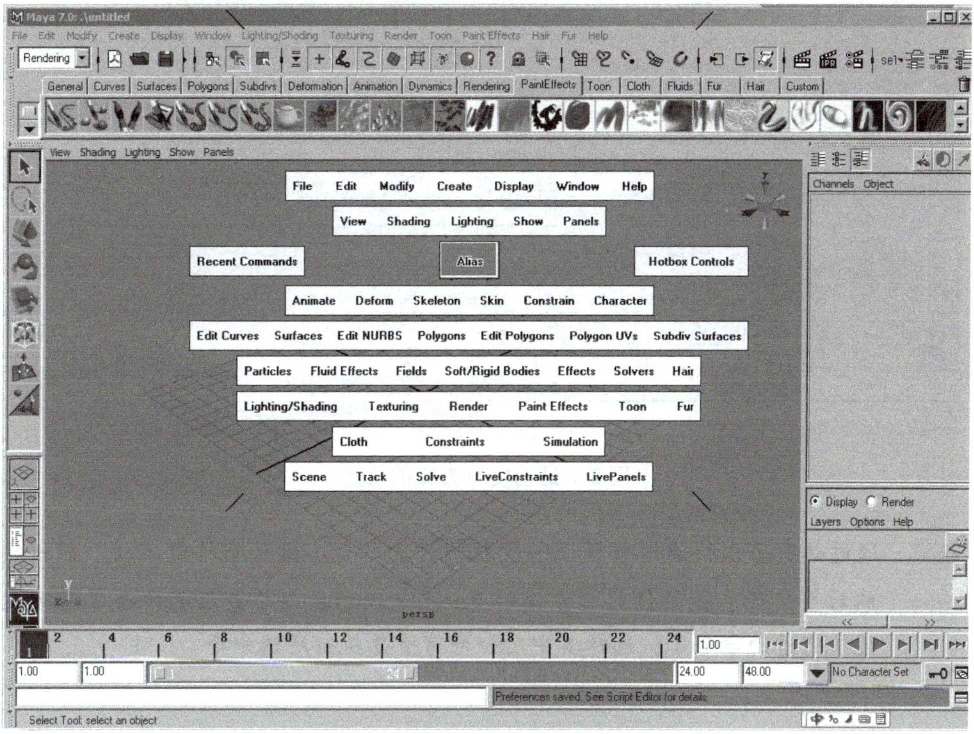

图 2-2　热盒

1．热盒的作用和操作方法

在 Maya 中热盒包含了各个模块的命令，并以悬浮的方式显示在操作界面上，它最大的优点是可以给操作者更大的操作空间，可以在关闭菜单栏、模块菜单组、状态区、工具架、工具箱、视图切换等快捷操作图示的情况下对场景进行操作。使工作空间显示得更加开阔，方便那些熟练操作 Maya 的工作人员。在 Maya 视图的任意位置按住空格键，即可调出热盒。

2．设置热盒的透明度

Maya 默认的热盒是完全不透明的，即底色是白色。当然我们可以设置热盒的透明度。

按住空格键不放，调出热盒，然后用鼠标左键按住热盒右侧的 Hotbox Controls 菜单，在弹出的菜单中选择 Set Transparency（设置透明度）为 75% 或者其他参数来完成设置。透明度为 75% 的热盒，如图 2-3 所示。

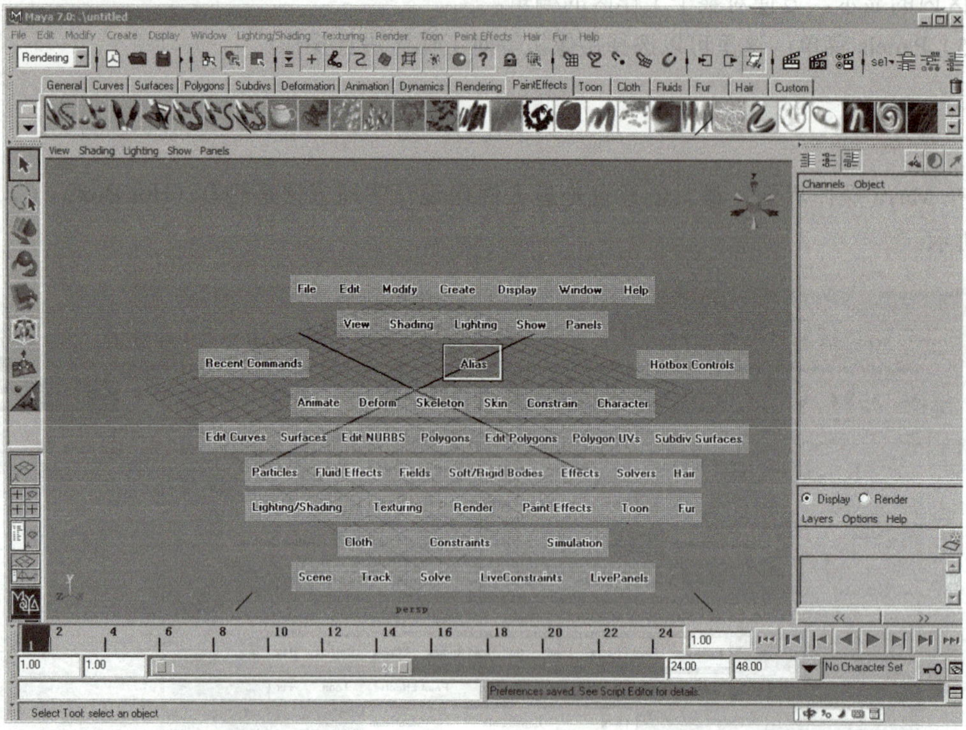

图 2-3 透明度为 75% 的热盒

技巧： 通过热盒可以快速地重复上一次执行过的命令。按住空格键不放，调出热盒，然后用鼠标左键按住热盒左侧的 Recent Commands（最近的命令）即可看到最近执行过的命令了，选择其中之一即可重复执行所选命令。

2.5 Maya 的基本操作方法

1. 创建和设置工程目录

在开始制作 Maya 场景前，都要养成一个良好的习惯就是创建一个新的工程目录，如图 2-4 所示。

这样做的好处是：

1）可以将所需要的文件归类存放在相对应的目录中以方便查找。

2）Maya 程序会自动关联项目文件夹中的文件，而只要有这个工程文件夹，在制作过程中，即使在不同的计算机间传递，也只需设置为指定的项目，文件就会自动关联，材质贴图粒子的信息都会完整地保存下来，不会丢失或者发生混乱，如图 2-4 所示。

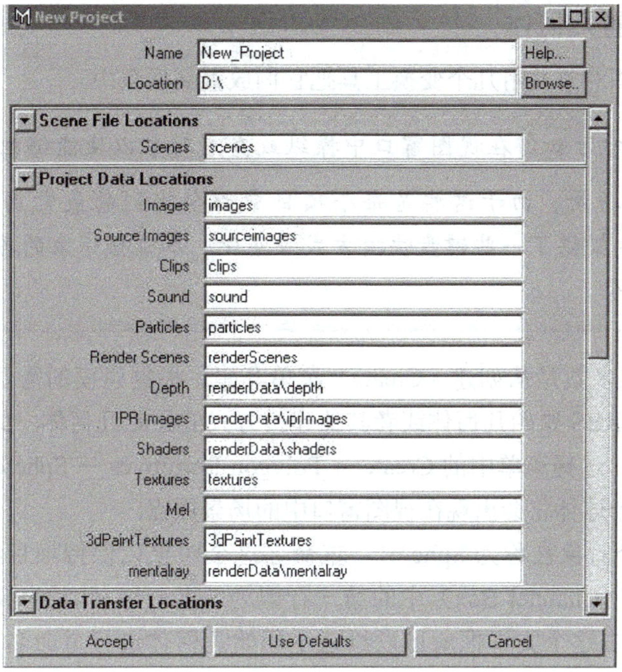

图 2-4 工程目录

注意:

在工程目录中以下 3 个文件夹是最常用到的。

① Images 文件夹是存放渲染好的图片或者渲染影片中序列帧的地方。

② Sourceimages 文件夹中是存放贴图参考图片的地方。

③ Scenes 文件夹是存放 Maya 文件的地方。

Maya 工程目录的创建命令是：File/Project/New Project

Maya 工程目录的设置命令是：File/Project/Set Project

提示：最好养成习惯，每当开始一个新的项目前，先建立项目文件夹。这样能够帮助你保持项目组件的完整。

2. 工作窗口的操作

在使用 Maya 时是通过鼠标配合键盘来操作的，可以通过 <Alt> ＋鼠标中键来拖拉工作窗口，<Alt> ＋鼠标左键来旋转工作窗口，<Alt> ＋鼠标右键放大缩小工作窗口。

注意：旋转工作窗口只能在透视图（persp）中完成，其他的 3 个视图是无法完成的。

3. 创建并放置几何体

现在将创建一些对象并用几个变换工具把它们放置到场景中。

注意：您将学习如何在视图窗口中操纵或查看对象以便能够把镜头推向对象或者环游场景。由于这些是每个项目中都会用到的最常用的命令操作，因此 Maya 提供了一些键盘快捷方式来实现。本章接下来的各个部分都会讲到这些命令。

1）创建的方法多数是从创建（Create）菜单开始。根据建模的需要我们可以选择多边形原始几何体、NURBS 原始几何体或者其他建模方式的原始几何体。此处就从多边形原始几何体为例来讲解。选择菜单中的 Create → Polygon Primitives → Sphere 命令来创建一个多边形球体对象。一个球体将会出现在视图窗口中的场景原点。

2）现在，这个对象被称为 Sphere1。重命名这个对象以保持项目组织有序。在 Maya 窗口右边的通道盒（Channel Box）中的第一行即为 Sphere1，此时应高亮显示为灰色，这是对象的名称，单击这个文本框就可以给这个原始几何体进行重命名，完成后按 <Enter> 键确认。

3）将改名的模型保留在场景的原点，并按快捷键 <W> 会出现一个带箭头的坐标轴，这就是 Maya 场景操作中的位移坐标，而按快捷键 <e> 会出现旋转的坐标，按快捷键 <r> 会出现一个带方块的坐标轴，这个就是 Maya 场景操作中的缩放坐标。

提示：在 Maya 场景操作时，不管是位移、旋转还是缩放，当激活为高亮的黄色时代表我们可以操作，简单地说就是坐标中心被激活为高亮的黄色时就可以向任意方向进行位移、旋转和缩放，反之，当 x、y、z 轴任何一个方向被激活成为高亮的黄色时，就是那个方向可以进行位移、旋转和缩放。

4）使用 Four View 布局。将光标放置在 Perspective 视图的上方并快速敲击空格键，Workspace 就显示为 Four View 布局，包括如图 2-5 所示的 Top 视图、Perspective 视图、Front 视图和 Side 视图。

在这些视图窗口中，右上方的窗口是 Perspective 视图。这个视图使用了透视角修正处理，就像我们的双眼或者摄像机一样，即在视角中比较远的对象比近处的对象看起来要小。Perspective 视图表示了渲染摄像机是怎样观察场景的，因此用该视图可以很好地目测最终的渲染结果。从 Perspective 视图逆时针移动分别是 Top、Front 和 Side 正交视图。

Top、Front 和 Side 正交视图是没有透视角修正处理的。如果两个对象的尺寸相同，即使将一个对象放置在另一个对象前面很远处，它们在正交视图中的大小仍是相同的。正交视图用于解析地观察模型和场景。例如，在这些视图中无需考虑透视角修正处理引起的变形，就可以比较对象尺寸、放置对象或者检查对齐的情况。

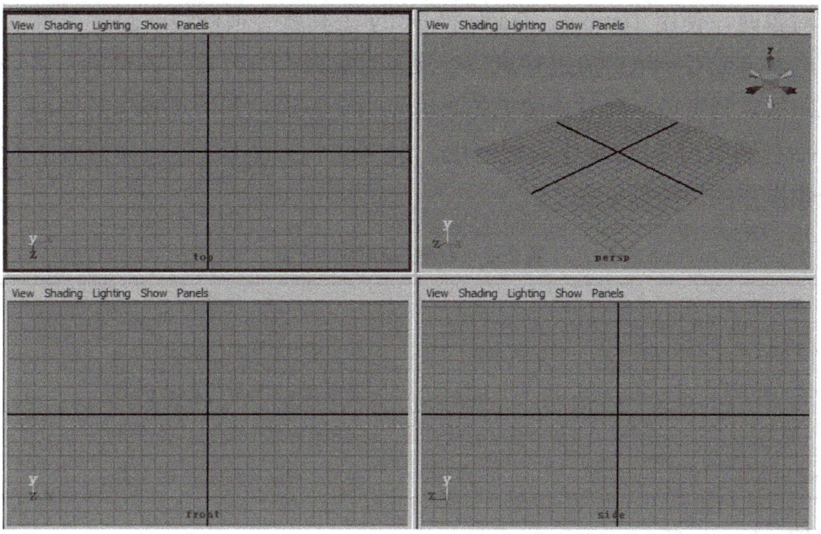

图 2-5　出现的四个视图窗口

4. Maya 中的摄像机

在通过一个视图窗口观看场景的时候，需要认识到，实际上是通过 Maya 的其中一个摄像机来进行观察的。尽管在后面动画和渲染的部分我们会详细讲解摄像机的应用，但是在一开始还是需要了解如何通过摄像机来操作这些视图的。3 种最常用的操纵摄像机的工具是 Tumble、Track 和 Dolly。

1）Tumble 工具可以让你绕着摄像机兴趣点的中心环游或者旋转。这个工具只能用在 Perspective 视图中。举个例子来说明原因，如果你在 Front 视图中进行翻滚操作，你观察的不再是对象的正面，也不是右面。通过选择 View → Camera Tools → Tumble Tool，可以在视图窗口中访问这个工具。

2）Track 工具用来将摄像机上下左右地移动，或者平移。通过选择 View → Camera Tools → Track Tool 来访问这个工具。

3）Dolly 工具用于推进兴趣点中心或者拉远摄像机。通过选择 View → Camera Tools → Dolly Tool 来访问这个工具。

尽管视图窗口的菜单栏上有这些工具，但可以使用键盘加鼠标的组合来更快捷地访问它们。表 2-1 中叙述了访问这些工具的快捷方式（括号中的是 Macintosh 中的操作。）

表 2-1　访问三种工具的快捷方式

操　作	工　具	功　能
按住〈Alt〉键并且单击鼠标左键（按住〈Option〉键并单击左键）并拖动，仅在 Perspective 视图中	Tumble	通过环游从各个角度观察场景
按住〈Alt〉键并且单击中键（按住〈Option〉键并单击中键）并拖动	Track	水平或者垂直移动一个视图
按住〈Alt〉并且单击右键（按住〈Option〉键并单击右键）并拖动	Dolly	移动视图前进或后退

5. 视图窗口中的聚焦和着色

一个场景中经常会用到几十个甚至几百个对象，如果想把视图调整得更近，即聚焦于一个或者几个对象时，使用 Tumble、Track 和 Dolly 工具就会很麻烦。因此，可以使用键盘快捷键来对所选对象或者一组对象进行聚焦。聚焦对象操作将会放大该对象为显示，并适合于视图窗口，即框定到窗口。同时摄像机的兴趣点也会被设定到所选物体的中心。这个特性对在 Perspective 视图中用 Tumble 工具很有用，因为这个工具正是使用摄像机绕着中心点进行环游的。聚焦操作的快捷键见表 2-2。

表 2-2　聚焦操作的快捷键

快 捷 键	功 能
F	将所选对象在选择窗口中聚焦
Shift + F	将所选对象在所有窗口中聚焦
A	将所有对象在选择窗口中聚焦
Shift + A	将所有对象在所有窗口中聚焦

显示选项

到目前为止，始终是线框模式下观察这些对象。通过设置视图窗口的显示选项，可以改变这个窗口中几何体的显示方式。这些现象可以通过视图窗口 View 菜单来访问。也可以按下快捷键来选择一个视图模式，见表 2-3 所示。这些显示模式将会激活计算机中显卡内建的硬件着色引擎，以便让你以各种方式来观察场景中的对象、着色的对象、着色且有纹理的对象和着色有纹理且照亮的对象。

表 2-3　显示模式的快捷键

快 捷 键	模 式
1	粗糙，仅用于 NURBS 模型
2	中等
3	最好
4	线框
5	光滑着色，默认灯光
6	硬件纹理的光滑着色，默认灯光
7	带有灯光的光滑着色，如果创建了灯光则使用硬件渲染，否则对象将显示在黑暗中

这些显示模式可以让你以不同的细节程度来查看各种几何体。Maya 中的 3 种几何体类型有 2 种是用数学表示的曲面，即 NURBS 和细分表面。

注意：记住当你使用快捷键时，所做的更改只影响当前活动窗口中的对象。

6. 变换对象

现在我们通过一个太阳系的小实例来学习一下变换对象。在此实例中应将注意力放在每个对象的位置和缩放上。不必担心球体的精确距离和比例是否符合宇宙中太阳系元素的尺寸，只需要说明 Sun 是太阳系模型中最大的对象而 Moon 是最小的。我们同样把 Sun 和 Earth

之间的距离安排得比 Earth 和 Moon 之间的距离大很多。

学习的第一步是移动和缩放，使用工具箱中的变换工具。为了让移动操作更快，首先应该学习快捷键的操作，见表 2-4。

提示：将左手放到键盘上，并将左手小指放在 <Q> 键的位置之上，其余的手指分别放在 <W>、<E> 和 <R> 上，这会有很大的帮助。这样无论光标在屏幕什么位置，都可以很快地访问这些操作。

表 2-4　工具箱快捷键

快　捷　键	工　　具	快　捷　键	工　　具
Q	Select 选择工具	R	Scale 缩放工具
W	Move 位移工具	T	Manipulator 工具
E	Rotate 旋转工具	Y	上一次使用的工具

1）为了在场景中放置这 3 个星球对象，将使用 Top 视图，选择已经创建好并改名为 Earth 的对象且按下〈w〉键来激活 Move 工具。

2）把这个对象放置在 X 轴的 10 个单位处，为了能够保证准确地将对象放在 X 轴的 10 个单位处，可以打开网格捕捉功能，将某个对象捕捉到特定的网格单元。在 Status Line 上单击 Snap to Grid 按钮。

3）网格捕捉已经打开，回到 Top 视图并单击 Manipulator 工具原点的黄色方块，这样可以在当前视图的相应轴上任意移动对象。由于启用了网格捕捉功能，因此会保证对象不会在 Z 轴上滑动。

4）将 Earth 对象在 X 方向上移动 10 个单位。检查 Channel Box 中的值来确保 Earth 是在 X 轴 10 个单位处。标有 Translate X 的文本框中显示的值应该为 10。

5）将 Earth 对象缩小使其小于 Sun。在这里，需要设定 Earth 的尺寸 X、Y 和 Z 的值均为 1 个单位。除了使用 Manipulator 工具，也可以在 Channel Box 中用直接键入值的方式来编辑 Scale 属性。可以一个接一个地分别将值输入文本框中，不过有个更快的方法，就是在 Channel Box 中单击其中一个文本框并使用鼠标左键向下拖动覆盖所有的输入框即 Scale X、Y 和 Z。

6）选中输入框后，一个光标会出现在最后选择的文本框中。输入值 1 并按 <Enter> 键（返回）。此时所有文本框的显示都更新为值 1。

7）放置好 Sun 和 Earth，把注意力转移到 Moon 上。用刚刚讨论的方法在 Channel Box 中编辑 Moon 对象的平移和缩放属性。将 Moon 对象放置在 X 轴 13 单位处，并输入 0。将 25 作为 X、Y 和 Z 的缩放值。

提示：Manipulator 工具的默认大小可适用于大部分应用。如果希望改变 Manipulator 工具的大小，则可以用快捷键来实现。按下减号键 <-> 会使 Manipulator 工具变小，而按下加号键 <+> 则会使之变大。也可以调整 Manipulator 工具的外观。

选择 Windows → Setting/Preferences → Preferences 来打开 Preferences 窗口，并单击左边列出的 Manipulators。在那里可以用滑块来更改 Global 大小（总的大小）、Handle 大小、Line 大小和 Manipulator 工具中其他工具的大小。

7. 使用撤销

在建模时了解如何来使用撤销操作是很重要的。这样可以鼓励大家尽可能多地进行试验，因为即使犯了错误也可以撤销。

用小写字母 z 来表示撤销快捷键。

操作的默认设置仅允许撤销过去的 10 个操作。但是我们可以在 Preferences 窗口中增加允许撤销的次数。选择 Windows → Setting/Preferences → Preferences，在左边的列表中选择 Undo。在下一个对话框中，可以打开或者关闭撤销以及重置允许撤销的操作次数。甚至可以把这个值设置为无穷，当然，这样做会使 Maya 的运行变慢。

8. 创建层级

现在已经放置好对象并进行了缩放，我们需要将它们变为某个层级。Sun 将会是根对象，Earth 会是 Sun 的子对象，而 Moon 则会是 Earth 的子对象。为了监视这个层级关系，将会在 Hypergraph 中查看层级，不过我们会把 Four View 布局中的 Side 视图更改为 Hypergraph，并显示为一个窗口。

当前布局中显示的 4 个视图都是放在一个面板中的，在本实例中，4 个面板都显示了默认的视图。任意一个面板都可以设置为显示其他窗口，而不必从 Window 菜单中打开一个窗口并以一个浮动形式来查看窗口。

要更改一个面板的显示，应学会用面板的菜单栏中的 Pabels 菜单。我们将当前显示为 Side 视图的面板设置为显示 Hypergraph。

1）选择 Side 视图面板，并选择 Panels → Hypergraph。Hypergraph 就会加载到这个面板中，其中包含有 3 个变换节点，名为 Sun、Earth 和 Moon。

2）为了使 Earth 成为 Sun 的父对象，可用鼠标右键拖动 Earth 节点到 Sun 节点上。注意 Hypergraph 现在显示两个节点之间连接了一条线，表示这两个节点是在层级上相连接的。

3）用另一个方法把 Moon 连接到 Earth。切换到 Top 视图面板，选择 Moon，按住 <Shift> 键再选择 Earth。（在单击鼠标时按住 <Shift> 键，可以把对象加选到当前选择中）。

4）以这个次序选中 Moon 对象和 Earth 对象，按下 <P> 键。这时查看 Hypergraph 就会看到 Earth 已经成为 Moon 的父对象（也就是说 Moon 是 Earth 的子对象）。Hypergraph 中的节点如图 2-6 所示。

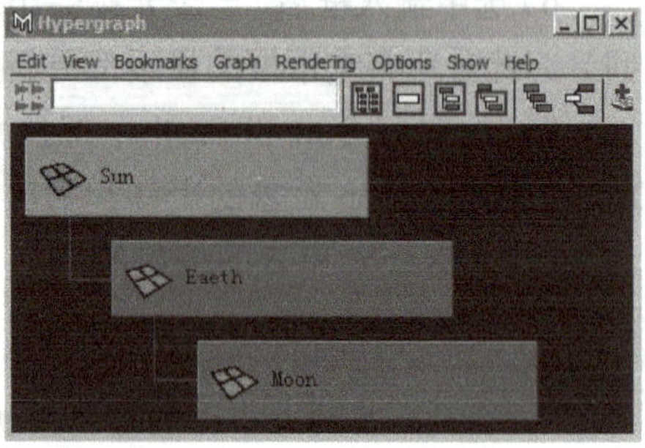

图 2-6　Hypergraph 中的节点

5）查看这些对象在它们层级中是如何显示的，在其中一个视图窗口中选择 Sun 并通过按 <E> 键选择 Rotate 工具，单击并拖动 Rotate 操纵器来旋转 Sun。请注意子对象是如何操作的，按下 <z> 键来撤销旋转并将对象放回到原来的位置。

9. 为对象添加动画

现在我们将为这些对象添加动画，以重现太阳系的运动。虽然动画并非很精确，但是可试着为时长为一个月的动作制作动画。这段时间意味着 Earth 将会绕着 Sun 旋转 30°（360/12=30）；Earth 将自转 30 圈，即一天一圈；而 Moon 则会绕 Earth 旋转 30 圈（虽然实际上这个时间是 27 天，不过在这里为了简化，取整数值 30）。

首先来确定这段动画的时间长度。既然 30 是一个虚拟数（无法确定其单位），我们就可以认为这个动画时长是 30s。默认情况下，Maya 的帧速率设置为电影作品标准中的 24 帧/s。按照 30s×24 帧 /s = 720 帧，我们将动画的范围设置为 720 帧长。

1）在 Maya 窗口的底部，即 Time Slider 下方，可以找到 Range Slider。将全部动画的时间和 Range Slider 时间设置为 720。

2）将 Workspace 设置为 Outliner/Perspective 布局，以便适用于动画的制作。选择工具箱中的 Outliner/Perspective 布局按钮，Workspace 布局就会发生变化了，如图 2-7 所示。

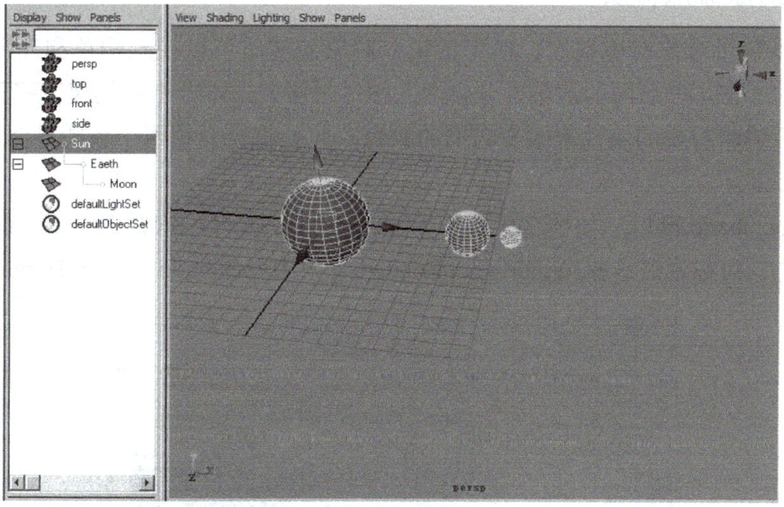

图 2-7 Outliner 布局

图 2-7 中所示的 Outliner，是显示场景中全部对象的另外一种方法。就像常用来浏览文件目录结构的 Explorer（Windows）或者 Finder（Mac）视图，这里也用这种方式列出对象层级。选择 Window → Outline 来访问 Outline。可以单击对象名称左边的（+）图标来展开一个层级。如果要想查看下一个层级中所有分支及子分支，则可以按住 <Shift> 键并单击加号。

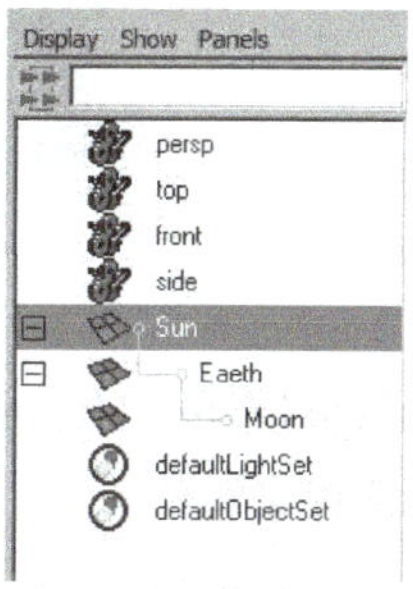

图 2-8 Outliner 列出的当前场景中的对象

1）按 <Shift> 键并单击 Sun 节点左边的（+）图

标（注意加号会变成减号），可在扩展层级中显示所有的子对象，如图 2-8 所示。

2）在 Outliner 中单击并拖动来选择 Sun 的层级中的所有对象。确认 Time Slider 设置为 1，然后选择 Animate → Set Key。这样就可以在第 1 帧处对场景中所有选中对象的当前位置设定一个关键帧。

3）将当前的 Time Slider 移到第 720 帧处，可以单击并拖动 Time Slider 到所显示的最后一帧，或者也可以在 Current Frame 文本框中输入 720。

4）在 Outliner 中选择之前创建的名为 Sun 的对象。然后在 Channel → Box 中将 Rotate Y 属性设置为 30。

5）再次选择 Animate → Set Key 来对当前的位置设置关键帧。

6）在 Outliner 中选择 Earth 对象并将其 Rotate Y 属性设置为 10 800（360 天 ×30）。

7）在 Channel → Box 中选择 Rotate Y 属性并使其高亮显示（确定选择了属性名称而不是文本框中的值），右键单击属性，并在标记菜单中选择 Key Selected。

8）单击 Play 按钮，动画就会开始播放。Earth 将绕 Sun 旋转 30°，1/12 圈，并同时自转 30 圈。Moon 将会随着父对象（即 Earth）的旋转并同时环绕 Earth 旋转。

10. 为对象添加材质

材质可以赋予对象材质属性。换句话说，对象的材质可以控制颜色和光泽，以及对象是如何反射的（在本书后面的渲染部分会深入探讨材质）。本节中将创建一些新材质并赋给几何体。然后编辑材质的属性来改变它们的颜色，此处将会介绍两个新的界面：Hypershade 和 Attribute Editor。

（1）Hypershade 窗口　如图 2-9 所示为 Hypershade 窗口，它是 Maya 场景中创建和编辑材质的地方。可以通过选择 Window → Rendering → Hypershade 来打开 Hypershade 窗口。

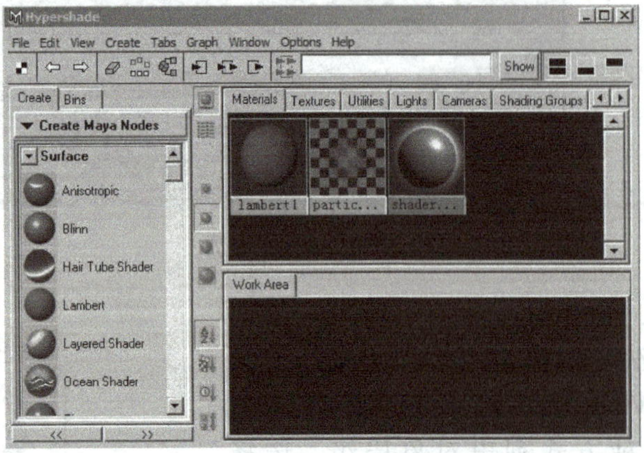

图 2-9　默认布局的 Hypershade 窗口

在默认情况下，Hypershade 窗口由 3 个部分组成：Create Render Node 菜单、顶部选项卡和底部选项卡。

在 Create Render Node 菜单中，可以浏览并创建各种类型的材质、纹理、灯光、摄像机和工具。通过点击 Create Materials 旁边的箭头，可以更改这个菜单来显示渲染节点的其他类型。顶部选项卡包含了浏览当前场景中的所有节点。默认情况下，Material 选项卡包括了场景中的所有材质。场景中创建的对象决定了所使用的相应材质，场景中创建的几何体使用的默认材质为 Lambert1，直到用户创建并赋予一个新的材质。也就是说不能在 Lambert1 材质上改变属性，否则下面创造出来的新的几何体都会被赋予 Lambert1 材质属性上的变化。

底部选项卡部分包括一个 Work Area 选项卡（Hypershade 窗口）和另一个 Shader Library 选项卡。可以在工作区中查看所选材质节点的所有连接。工作区与 Hypershade 窗口很相似，不过这个工作区是为材质编辑优化的，除了节点的名称外还使用图标来表示节点，这种图形表示方式称为样本（Swatch）。Shader Library 用于浏览一组随 Maya 一起发布的预制材质的纹理贴图。

以下是赋予材质给几何体的方法。

对应于每个球体元素创建 3 个新的材质。

1）通过 Window → Rendering → Hypershade 来打开 Hypershade 窗口。（也可以在工具箱中单击 Hypershade/Perspective 按钮来载入 Workspace 布局）。

2）在 Hypershade 选项卡中选择这个材质并在 Create Render Node 菜单中单击标记为 Lambert 的图标。这样就创建了一个新的 Lambert 材质。一个 Lambert 样本会同时出现在 Materials 选项卡中和 Workspace 中并被命名为 Lambert2。

3）在 Materials 选项卡中选择这个材质，并在 Channel Box 中将其重命名为 mSun。这个 m 表明节点是一个材质节点。因为在场景中已经有一个称作 Sun 的节点了，而由于在同一个 Maya 场景中的所有节点都必须是惟一命名的，因此需要给这个材质节点添加一个 m 才能和原来的物体节点区分开来。

4）双击 Hypershade 窗口的 Materials 选项卡中的 mSun 节点。这样会自动改变 Maya 窗口的布局，并显示 Attribute Editor 来代替 Channel Box。

（2）Attribute Editor　如图 2-10 所示，Attribute Editor 显示了所有对象的所有连接节点，以及它们的材质属性。每一个选项卡代表一个相应的节点及其属性。

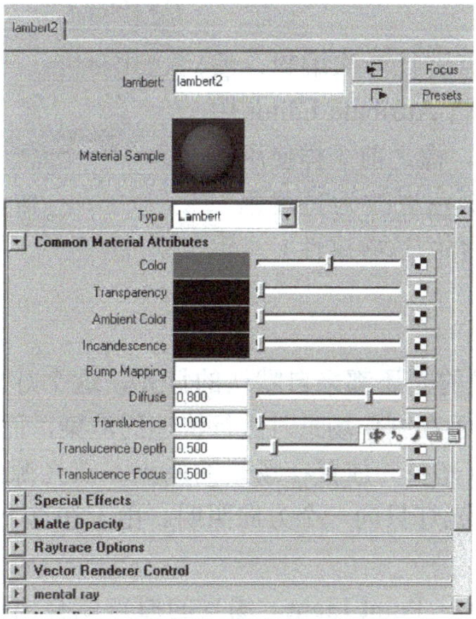

图 2-10　Attribute Editor

注意：虽然 Channel Box 也显示属性，但是它只显示节点的可设置关键帧属性，即可以对这些属性进行关键帧动画。当然也可以使某个属性变成可设置关键帧属性，在后面的内容中会详细探讨这个问题。

Attribute Editor 最重要的地方是用滑块代替了文本框来编辑属性，这样可以看到更改属性的效果。不过，因为这个窗口会显示任意一个节点的所有可用属性，所以会比当前步骤所用到的要多。然而在材质编辑时，仍然推荐使用 Attribute Editor。

下面来学习如何编辑属性。

1）在 Common Material Attributes 列表的上方，找到名为 Color 的属性，如图 2-11 所示。属性滑块在中间并设置为灰色。单击灰色小方框就能打开 Color Chooser。

2）在色块（Color Chooser 中间的六边形）中单击并拖动来为 Sun 选择一个微黄的橙色。如果对颜色满意，单击 Accept 来关闭 Color Chooser。

3）把这个材质赋给 Sun 对象，用鼠标中键将材质从 Hypershade 窗口的顶部选项卡部分拖动到 Perspective 视图窗口中的 Sun 对象上。

4）用同样的方法给场景中的另外 2 个对象添加颜色。使 Earth 的材质为蓝色并保持 Moon 的颜色为默认的灰色。

5）需要再对 mSun 节点进行一次编辑，使 Sun 看起来发光。可以编辑 Attribute Editor 中 mSun 的 Incandescence 属性，像之前一样使用滑块将 Incandescence 属性的颜色更改为亮黄色。（在以后的渲染部分会详细介绍这些属性）

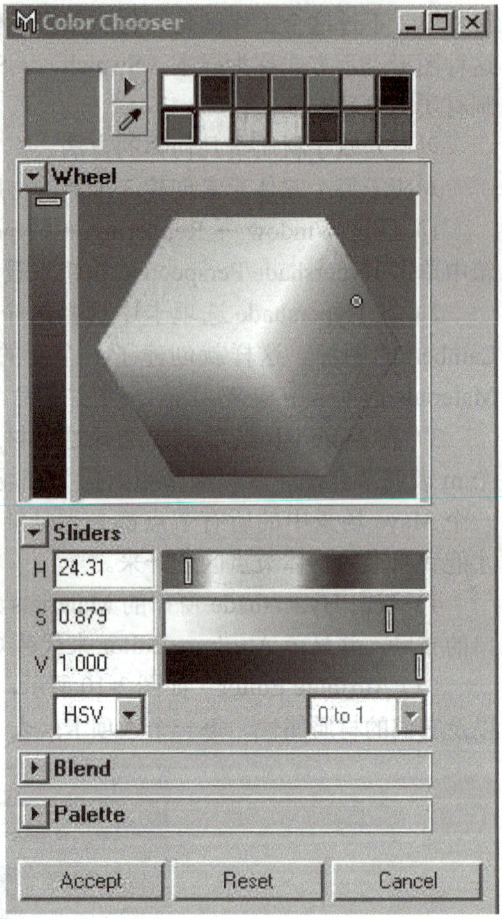

图 2-11　Color Chooser

11. 添加灯光

到目前为止，照亮场景的光还都来自默认的灯光，这个灯总是位于渲染视图的摄像机的右上方，默认灯光仅仅用于在制作场景时进行快速的渲染，而不会作为最终光源。

为这个场景添加一个点光源并放置在场景的原点。点光源会对所有的方向进行照明，而不同于其他的光源，如聚光灯只向一个方向照明。由于在这个动画中该光源代表 Sun，因此点光源是最好的选择。

1）选择 Create → Light → Point Light，场景的原点就会出现一个灯光的图标。由于视图是以着色模式显示的，而灯光位于 Sun 的内部，因此将无法看到这个图标。

2）在 Perspective 视图中按 <7> 键，打开显示灯光，以查看灯光的实际效果。

3）选择 File → Save 保存场景。将场景命名为 SolarSystem。这个场景文件将被保存在 FirstProjcet 目录下的 Scenes 目录中，如图 2-12 所示。

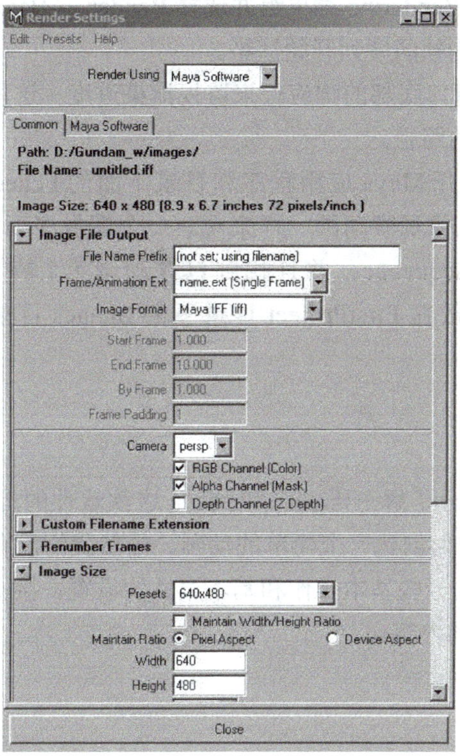

图 2-12 Render Global Settings 窗口

注意：如果想要移动灯光，按下 <4> 键回到线框模式，这样就可以看到灯光并用操纵器工具来移动它。不过，现在灯光已经在我们想要的位置了，并不需要这样做。

12. 渲染动画

最后一步是配置渲染器对动画进行渲染。配置动画渲染器的主窗口如图 2-12 所示。在以后的渲染章节会详细介绍。在这里对其中几个基本属性进行修改，来达到渲染的目的。

1）选择 Window → Rendering Editors → Render Globals 来打开 Render Global Settings 窗口，也可以在 Status Line 上单击 Render Globals 按钮来访问这个窗口。

2）在 Render Global Settings 窗口中，单击 Frame/Animation Ext 文本框中的箭头来打开下拉菜单选择 name.ext。

3）将动画的结束时间（End Frame）设置为 720。

4）单击 Maya Software 选项卡并向下滑动找到 Anti-Aliasing Quality 折叠部分（由一个黑

色小三角标注的部分称之为折叠部分）。单击折叠部分左边的箭头打开它。

5）将 Maya Software 选项卡中的 Quality 下拉菜单设置为 Production Quality。单击 Close 按钮来关闭 Render Global Settings 窗口。

6）按 <F5> 键切换到 Rendering 菜单组并选择 Render → Batch Render。Batch Render 程序就会启动，而动画将作为帧的序列开始渲染。

可以通过观察 Maya 窗口底部的响应行来监视渲染进度。这里显示了每一帧渲染的完成百分比以及文件写入目录的路径。

当渲染完成之后，打开 Maya 应用程序和目录下面的 Fcheck 应用程序来检查图像序列播放，使用 Fcheck 可以像观察动画一样来观察一个图像序列。在启动了 Fcheck 之后，选择 File → Open Image Sequence，并且找到包含动画第 1 帧的文件。这个文件被称为 SolarSystem_01.iff，并且放在 FirstProject 目录下的 Images 目录中。单击 Open，图像序列就会加载并播放。

2.6 小结

现在，你应该已经充分了解三维动画和 Maya 这款软件的历史，并且也知道如何使用 Maya 的基本界面，以及如何创建一个简单的动画。虽然我们没有详细介绍所有内容，但是读者至少已了解了 Maya 的一些基本操作和基本属性的设置。接下来本书将更详细地介绍建模、动画、材质每个部分的内容。

Maya 建模篇

Modeling

建模是创建 3D 物体的过程，不论是否需要创建动画。简单的物体使用简单的模型，复杂的物体使用简单模型的组合。最困难的事情就是决定如何在 3D 中表示一个物体。就像雕刻师一样，CG 建模者必须通过分析物体和分离其设计结构来了解它的存在方式。

Maya 软件给我们提供了三种建模方式：多边形建模（Polygonal Modeling）、NURBS 建模（NURBS Modeling）和细分表面建模（Subdivision Surfaces Modeling）。这三种类型的建模都需要一个过程，虽然通常会同时使用这三种方式，但还是需要在开始建模时决定使用哪种方法。

为了更好地学习，首先要能区别这三种建模方式。

第 3 章　做模型计划

在讲解建模前，我们首先要做的是对要建立的模型进行分析，收集有关模型的所有信息。比如从多个角度拍照，获得大小，甚至记录物体的详细描述；尝试通过描绘草图或者简单的黏土模型来重建所创物体。Maya 给我们提供的三种建模方式中有很多建模工具，选择适合的建模技术变得十分重要。在开始实现 CG 模型之前，准备好草图、照片以及搜集到的所有信息。

我们所创建的模型到底要多详细呢？这是一个非常关键的问题，因为太复杂的建模或者有很多细节的场景都需要大量的计算时间，通常也会影响到渲染的时间。

首先决定模型的目标，然后找出 CG 场景中该模型的可见程度是多少。如图 3-1 所示，如果只是需要一棵树在场景很远的地方显现出来，那么可以使用几个简单的面片在后面对其进行贴图处理就可以达到很好的效果；但是如果需要在近处特写表现那么就需要仔细建立它的模型，如树杈、枝叶等。

如果不能确定需要哪种细节，最好的方法是尽可能创建高级别的细节，但是当它成为场景中不必要的元素时，就要便于缩减。

我们还需要知道的是，在产品的纹理和贴图阶段也可以添加细节。使用简单几何体和好的纹理贴图可以获得丰富的模型（在后面的渲染章节会详细介绍纹理贴图）。

随着模型中几何体细节的增加，所需计算机的性能也相应地增加。如果计算机的速度慢或性能低下，则需要对物体的细节重新考虑。配备了大量照片、Web 图片和草图之后，建模会变得更快捷、更有效率。

图 3-1　包含在模型中的细节取决于动画的显示方式

3.1　多边形、NURBS、细分表面概述

Maya 的建模方式主要可以分为多边形建模、NURBS 建模和细分表面建模。

1. 多边形建模

多边形是由面构成的。简单的多边形面是一个平面，通过三个或者更多的点（简称顶点）连接而成。每个顶点的位置确定了面的形状和大小，通常是三角形。连接两个顶点之间的线被称为边。有些多边形面有四个顶点，而不是三个顶点，因为构成的是四边形，而不是三角形。

多边形的面沿着多边形的边连接在一起，构成更复杂的表面，用来构成模型，如图 3-2 所示。

图 3-2　多边形模型及组件

由于多边形模型是计算机用来渲染的最简单的模型，因此这种模型通常用于游戏软件，游戏软件需要实时渲染模型。游戏制图者使用少量的多边形来创建模型，以便于计算机或者游戏平台实时渲染。高分辨率的多边形模型多用于电影和电视。实际上，大量科幻电影、电视表现了如何使用多边形模型用于特殊效果。

多边形模型的组件包括：

1）顶点：空间中的一个点。模型中的每个顶点都有一个惟一的识别数，该识别数可以告诉软件开始连接顶点的位置。顶点是多边形模型中最基本的构件。通过编辑一个顶点的位置，可以改变该顶点所生成的面的形状。

2）线：连接两个顶点的多边形元素。至少 3 个连接顶点之间的区域可以形成一个面。

3）面：在 3 个顶点之间，由 3 条边所围成的面积最小值。虽然可以创建由任意数量顶点组成的面，但是这些面都会在渲染时分解为四边形或者三角形。一个三角形的面被称作三角面（tri），一个四边形的面被称为四边面（quad），而一个多于四边的面被称为正 n 边面（n-gon）。对渲染的面来说，它们一般规定是个平面，即平坦的。一个模型中连接起来的面的集合称为一个多边形曲面或者一个多边形网格。

2. NURBS 建模

NURBS 建模是基于数学计算的一种建模方式，但在数学上要比多边形复杂很多。NURBS 是 Non-Uniform Rational B-Splines（非均匀有理 B 样条）的缩写。NURBS 几何是在贝赛尔曲线的基础上创建的。贝赛尔曲线是由法国工程师皮埃尔·贝赛尔开发的数学概念，是基于立方体多项式方程并在控制顶点（CV）之间绘制而成的。

实际上，贝塞尔曲线就是这样的一条曲线，即它是依据四个位置任意的点坐标绘制出的一条光滑曲线。

（1）NURBS 贝塞尔曲线的组件（见图 3-3）

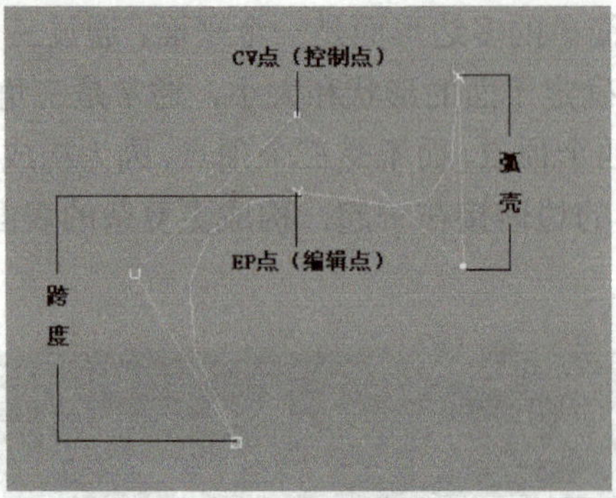

图 3-3　贝赛尔曲线的剖析图

1）编辑点 EP：一条曲线在 Maya 中形成时，软件把一些多项式曲线段连接起来，这些连接起来的单元称为跨度（Span）。这些单元连接处的点称为编辑点（有时亦称为结点 Knot）。编辑点位于曲线上，每个点都显示为一个小 ×，可以选择这些点，也可以移动从而编辑曲线形状。也可以使用 Insert Knot 工具来增加曲线中的编辑点。

2）控制点 CV：CV 控制这些曲线如何再编辑点之间的牵拉和加权。CV 基于决定了一条曲线或者一个曲面的形状。位于编辑点之间的 CV 的数目取决于曲线的次数。CV 通常位于曲线的上方或者下方，它们是在 X，Y，Z 坐标空间移动来控制曲线的形状的最常见的点。CV 不能直接添加到曲线上，而只能在添加了编辑点的同时一起添加。

3）曲线点 Knot：NURBS 技术非常重要的一个方面就是曲线上任何曲线点都可以选中和调整，这是因为曲线是数学计算所得。曲线点不能直接编辑，但是可以选中曲线点，成为插入编辑点的位置，以可以成为您希望将一条曲线分裂为 2 条曲线的位置。

4）弧壳：弧壳（Holl）是一条连接 CV 之间的直线。选择一个弧壳将选中曲线中所有的 CV。

（2）NURBS 曲面的组件

NURBS 曲面包含一部分与 NURBS 曲线相同的组件。CV 控制点和弧壳（Holl）执行与曲线中相同的功能，它们可以用相同的方式选中和编辑。尽管如此，曲面也有一些特有的组件类型，如图 3-4 所示。

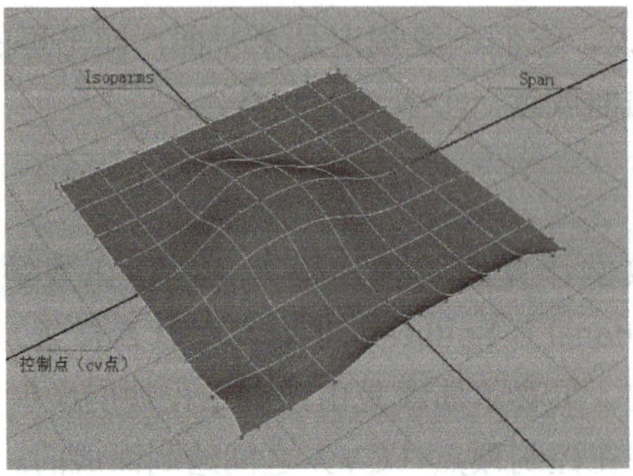

图 3-4　NURBS 曲面的组建

1）Isoparms：Iso 参数线位于 NURBS 曲面上，并且以一个恒定的参数值在曲面上延伸。

像编辑点表示权限跨度的端点一样，Iso 参数线扮演了面片之间的边界的角色，面片是曲面上 Iso 参数线围绕的区域。Iso 参数线可以用来选中或者添加到曲面上，但是与它们在曲线中对等者所不同的是，可以直接编辑它们。

2）曲面点：曲面点是指任何在曲面上的点或者参数，它类似曲线点。

3）面片：面片是指 Iso 参数线所围成的区域。

3. 细分表面建模

近年来，细分表面建模技术开始在游戏和电影工业中成为建立有机体形状的标准建模方式，这种方法提供了 NURBS 的控制能力，又同时具备多边形建模的简单性。由于使用了分支就不再需要修剪操作和复杂的面片了，比如手掌上的手指或者躯干上的手臂，从现有的面上拉伸出去一个简单的多边形笼就可以轻易地实现这种分支。多边形对象上的顶点和边就像控制器一样驱动所有的平滑、细分的几何体。

笼（cage）：控制着高分辨率。光滑模型版本的底分辨率版本。

Maya 提供了细分表面建模的两种工具：平滑代理（Smooth Proxy）和层级细分面（Hierarchical Subdivision Surface）。

3.2 多边形建模、NURBS 建模、细分表面建模的特点

1. 多边形建模的优点和缺点

优点：

1）容易创建细化或者分支的模型。

2）可以分配 UV 纹理贴图坐标。

3）容易创建硬边的模型。

4）只需要使用简单的工具组就能创建出很复杂的模型，非常方便快捷。

5）模型可以在不同软件间转移。

缺点：

1）在表现一个平滑的有机体对象时会用到大量的多边形面，给计算机造成很大的负担。

2）平滑多边形对象的时候数据量会非常的大。

3）很难编辑已经平滑过的模型。

2. NURBS 建模的优点和缺点

优点：

1）控制点（CV）少，可以利用很少的点控制光滑的曲面。

2）分辨率独立，无论摄像机如何接近，NURBS 曲面的数学性都可以使表面无限光滑。

3）纹理坐标，由于 NURBS 曲面的矩形性质，其上任何点都可以通过一组 UV 方向定义坐标（但是大家要记住的是 NURBS 曲面的 UV 坐标是独立的 NURBS 曲面上的局部坐标）。

4）转换能力强，NURBS 的模型可以通过命令很方便地转化成为其他种类的模型。

缺点：

1）NURBS 不容易消除面片之间的接缝问题，需要很多繁复的命令才能解决。

2）NURBS 建模很能制作分支结构的模型。

3）NURBS 建模没有办法解决跨越多个曲面的纹理贴图，因为 NURBS 的 UV 坐标都是相对独立的局部坐标。

3. 细分表面的特点

细分表面建模是结合了多边形建模和 NURBS 建模的优点，既可以用很少的点控制平滑的表面，也可以制作出细致棱角的硬边模型。

3.3 小结

现在，对于 Maya 的几种建模方式都有了一个基本的认识和了解，在今后的学习过程中要分析各种模型的特性，在制作模型的过程中，根据模型的特点来选择建模方式，在必要的时候可以结合各种的建模方法，使模型制作更精细。在接下来的章节中，会详细介绍多边形建模技术。

第 4 章　基础多边形建模

4.1　多边形工具和编辑多边形工具

多边形建模给我们提供了多边形工具（Polygons）和编辑多边形工具（Edit Polygons）。

多边形工具是针对多边形几何体的物体模式进行编辑的。它给我们提供了创建多边形、合并多边形、布尔运算、平滑、平滑代理等。（在本章中我们会结合模型的制作详细讲解）

编辑多边形工具是针对多边形几何体的各个元素级别进行编辑的。它分别针对多边形几何体的点、线、面进行编辑，来创造出更加复杂的造型。

下面就开始介绍几个常用的编辑多边形的命令和多边形工具。

1. 挤压多边形工具

首先，我们要知道挤压多边形工具是 Maya 多边形建模方式中最常用的编辑多边形工具——Extrude Face（挤压面命令）。

挤压面工具又是挤压多边形工具中比较常用的一个命令，下面我们以挤压面工具为例，来讲解挤压多边形工具的应用。

打开 Edit Polygons → Extrude Face（挤压面工具）来开始多边形建模的过程，因为这条命令是多边形建模中应用最为广泛的命令之一，所以通过这个命令的应用可以制作出很多复杂的模型造型，如图 4-1 所示。

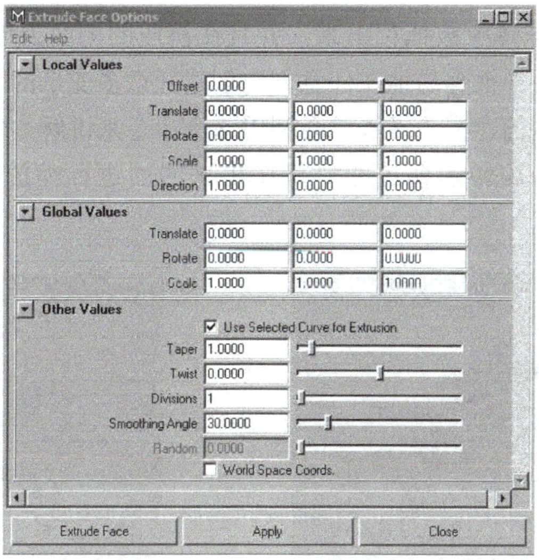

图 4-1　Extrude Face

首先来了解这个命令的操作方法：

1）选择多边形的一个或者多个面，并选择 Edit Polygons → Extrude Face。常见的操纵手柄将变为一个合并在一起的特殊操纵手柄，如图 4-2 ～ 4-3 所示。通过对图中的观察，可以看见挤压多边形工具的操纵手柄是将位移、旋转和缩放三个手柄合并在一起的。

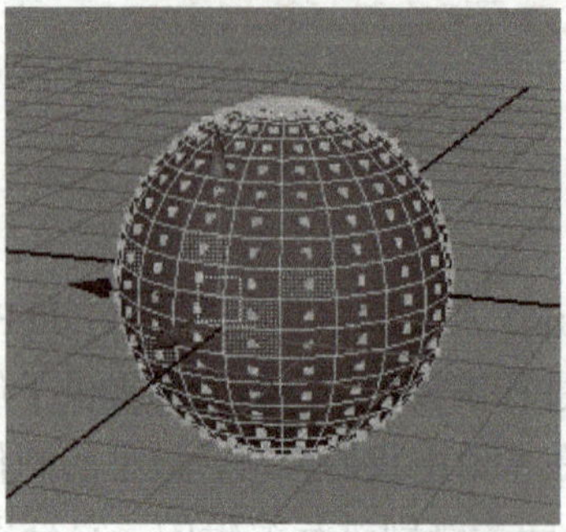

图 4-2 选中面以后普通的操纵手柄

图 4-3 Extrude Face 的操纵手柄

2）激活 Z 轴方向的移动手柄成高亮的黄色，并拖动它，离开球体，如图 4-4 所示。

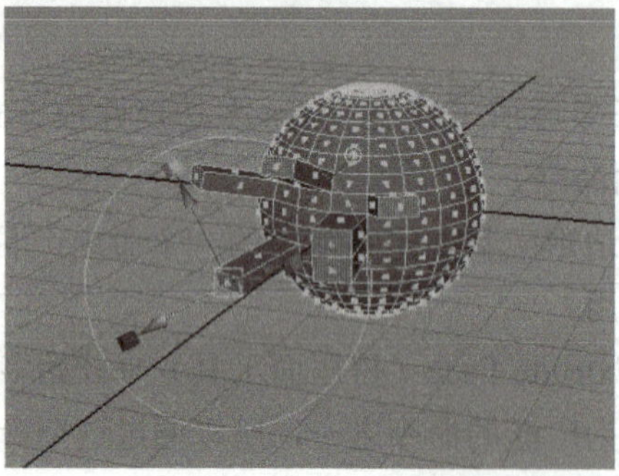

图 4-4 挤压出面的球体

所选择的面将会从球体中被拖拉出来，并且在挤压的侧面上创建新表面。这是非常强大的工具，因为它允许用户很容易地在任意方向创建任意多变形的附加物体，特别适合应用于角色、动物和硬边模型的建模。（本章会利用这个命令来讲解如何建模静物和卡通角色）

3）通过激活缩放和旋转手柄还能对挤压出来的面进行缩放和旋转，如图 4-5 ～ 4-6 所示。

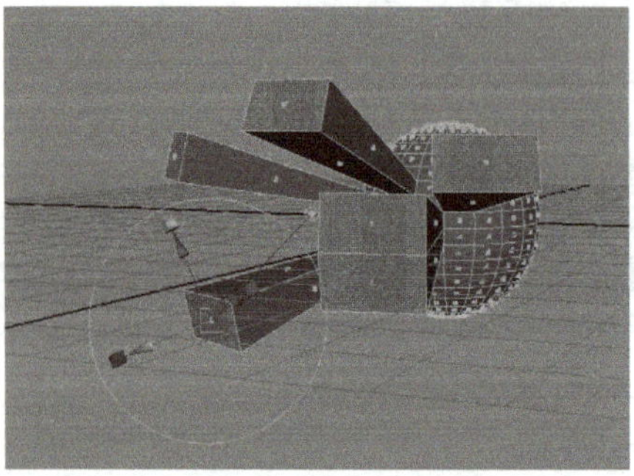

图 4-5 使用缩放手柄缩放挤压的面

图 4-6 使用挤压多边形工具旋转所挤压的面的效果

4）如果还需要再次挤压，我们可以再次执行挤压面工具，并拖拽出来。

5）我们也可以通过调节参数 Divisions（分段数）的值一次挤压出多个面来。在制作一些特殊需要的模型时可以先绘制一条曲线然后选择需要挤压的面，并且打开挤压面的属性，调节好足够的 Divisions（分段数）。通过执行挤压面的命令来达到造型的目的。

注意:

1）挤压面和挤压边都可以沿着一条曲线，调节 Divisions（分段数）的值后挤压。挤压点相对比较简单但是不能沿着一条曲线挤压。

2）如果需要挤压相邻的两个面或者边时，则需要注意当合并在一起挤压时，应选择 Polygons → Tool Options → Keep Face Together，否则挤压出来的面都是相对独立的，如图 4-7 所示。图中左边的模型为勾选了 Keep Face Together 的效果，右边为没有勾选 Keep Face Together 的效果。

3）挤压多边形工具是针对物体的元素级别操作的，必须选择需要挤压的元素进行操作。

4）执行了挤压多边形工具后，必须对位移、旋转或者缩放中的一个属性进行编辑，否则如果仅执行命令而不进行任何操作的话，则物体表面会出现 0 面积的面，在后面做平滑等操作时就会出错，如图 4-8 所示。

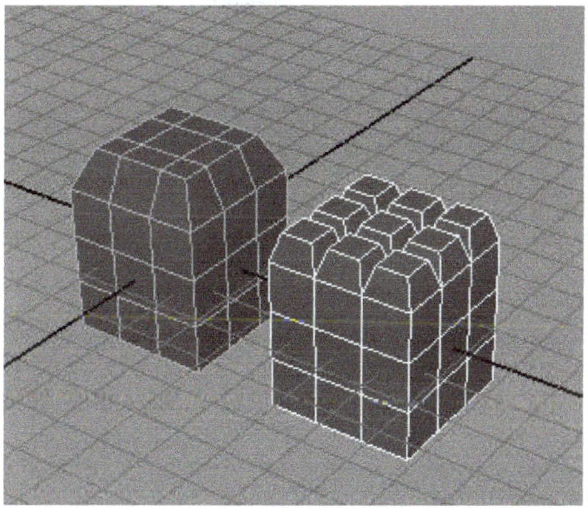

图 4-7　勾选 Keep Face Together 和不勾选 Keep Face Together 的区别

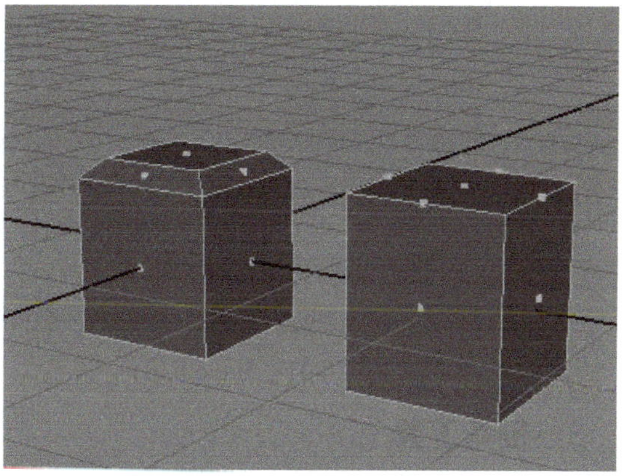

图 4-8　右边的 Box 上面就是挤压面后没有进行操作而出现了 0 面积的面

2. 平滑工具

在多边形建模中给我们提供了几种平滑的方式。

1）使用 Polygons → Smooth。Maya 通过修改顶点和连接边来改变多边形的拓扑结构，如图 4-9 所示。

2）使用 Polygons → Average Vertis。Maya 将均化顶点的值来产生平滑的面，而不改变其拓扑结构。这种方法对通过创建平滑的几何体来产生良好的 UV 点的情况特别有效，如图 4-10 所示。

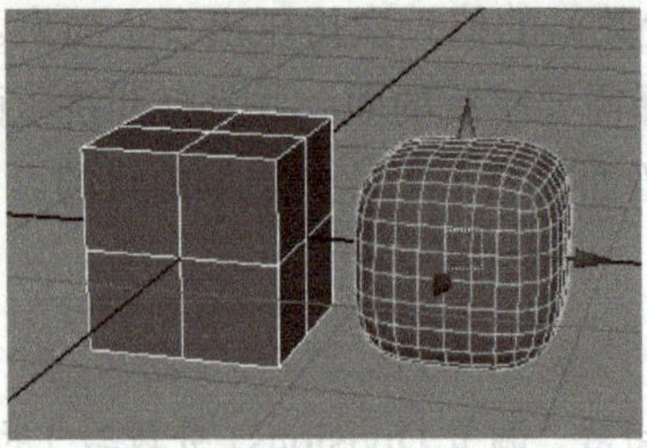

图 4-9　使用 Smooth 等级为 2 后的效果比较

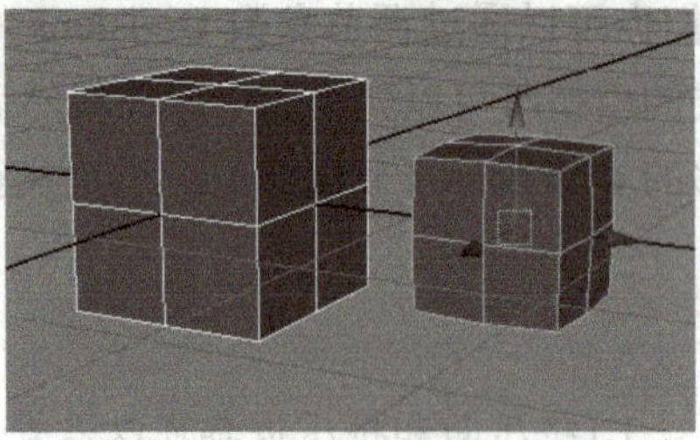

图 4-10　使用 Average Vertis 后的效果比较

在 Maya7.0 中还有其他一些平滑工具如平滑代理，这是一种模拟细分表面的平滑方式，在本章卡通角色的建模中我们会详细介绍。

我们在建模中最常用的建模方式是 Smooth。Smooth 作为多边形建模中最常用的平滑方式，应认真学习它的编辑方法。Smooth 属性（见图 4-11）中的 Subdivision Levels 是其中一个最重要的属性，它是通过滑条来调节的，它的最小参数是 1，最大参数是 4。选择 1 代表是以 1 次方的运算方式来平滑模型；而选择 4，则面将会以 4 次方来计算。

当然平滑的 Subdivision Levels 这个参数也可以在执行过命令以后在通道栏进行修改，如图 4-12 显示。

在通道栏打开 polySmoothFace1 的参数，找到 Divisions 这个参数进行修改，来达到平滑段数的调节。

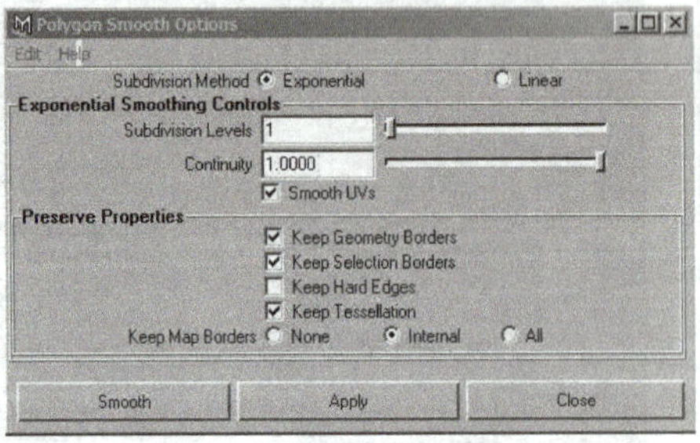

图 4-11　Smooth 属性

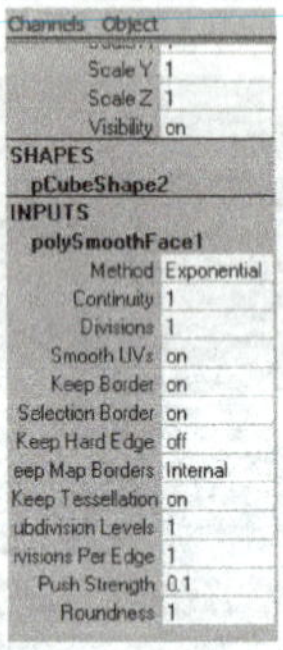

图 4-12　在通道栏调节 Smooth 的参数

3. 倒角工具

Maya 中还提供了一条针对元素边进行操作的命令，大家都知道，在现实中不管多么硬边的模型都不是尖锐的，除非是开刃的刀片。所以 Maya 给我们提供了一个针对尖锐边进行操作的命令 Bevel。这样制作起来不会像给所有的面进行平滑那么复杂，如图 4-13 所示。

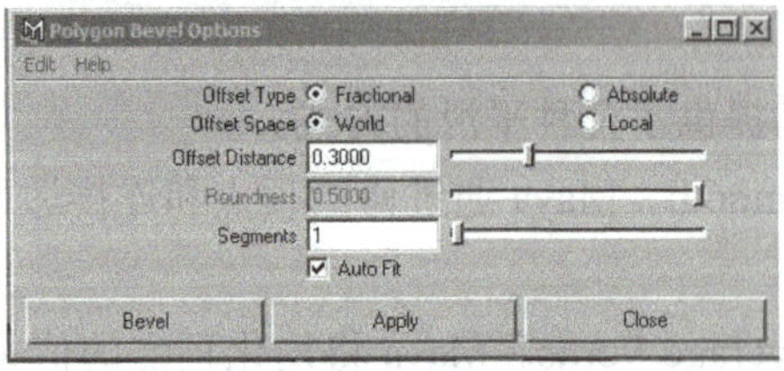

图 4-13 Polygon Bevel 命令的属性

我们应多掌握 Bevel 命令参数。首先要了解的是 Offset Distance（偏移距离），可通过滑块的调节数值，来达到需要的效果。其次要掌握的是 Segments（段数），可以根据模型制作的需要来调节倒角的分段数，如图 4-14 ～ 4-15 所示。

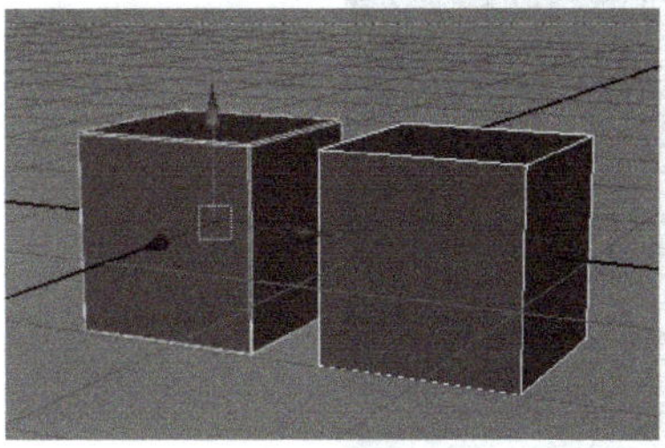

图 4-14 改变了 Offset Distance 后的效果

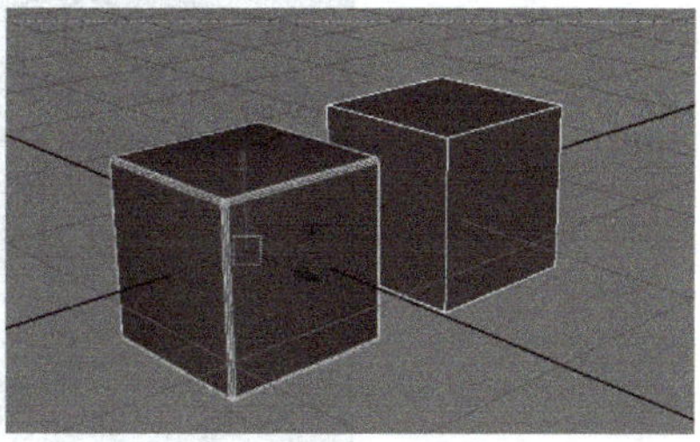

图 4-15 改变了 Segments 后的效果

注意:

1）当参数栏最下面的 Auto Fit（自动匹配）被取消勾选后，Roundness（圆滑度）项会被激活。这样我们可以调节倒角的度数，默认值为 0.5。

2）还有需要注意的是，在模型分配 UV 和赋予纹理之前来倒角物体，否则，执行命令 Bevel 后将会丢失物体表面的 UV 和纹理贴图的信息。此外，对于带洞的多边形，倒角会出错。

4.2 我的书桌——硬边模型的制作

在掌握了上面几条命令后，下面就开始制作一些模型以更好地学习 Maya 的多边形建模，如图 4-16 所示。

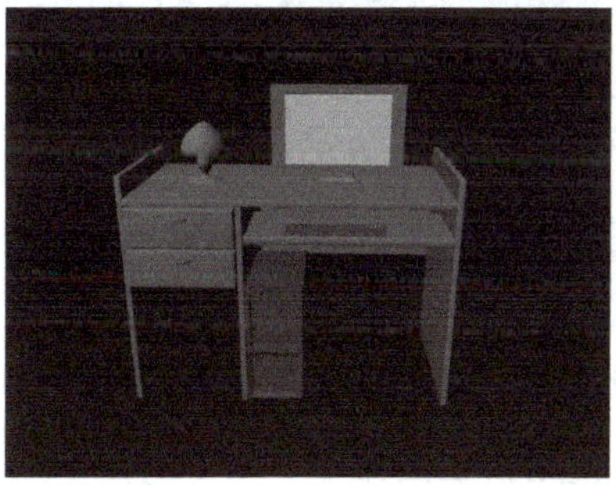

图 4-16 我的书桌——硬边模型的制作

图 4-16 中包括了一个带抽屉的桌子和计算机显示器还有计算机主机箱、键盘、台灯、笔筒等。下面就分步骤开始制作这些模型。

1. 制作书桌

我们先从书桌开始制作。首先创造一个 Box 来制作书桌的面，如图 4-17 所示。在书桌的边缘进行简单的倒角。

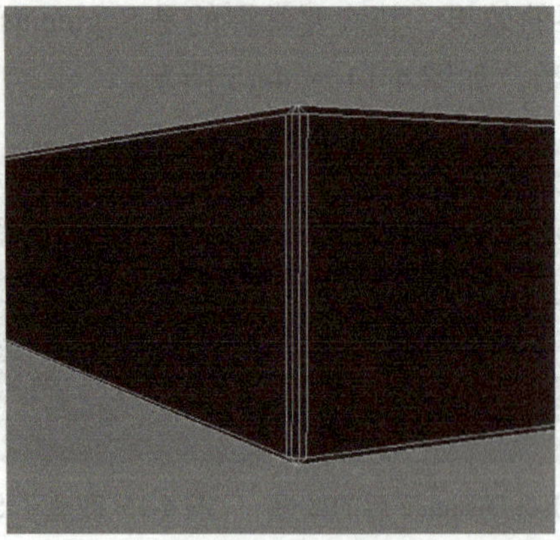

图 4-17　制作了倒角效果的桌面

将 Offset Distance（偏移距离）参数调节到一个适合的数值，再将 Segments（段数）调节至 1，这样倒角出来的边缘会比较简单。而 4 个顶角制作倒角时可将 Offset Distance（偏移距离）参数调节到一个适合的数值，再将 Segments（段数）调节至 3 制作出桌面。

用同样的方法制作桌子的腿。将制作好的腿、隔板等移到相应的位置制作成为书桌。

2. 制作液晶显示器

1）创建一个 Box 将它的 X、Y、Z 的比例设定为 16:10:1。因为我们这次做的是一个 16:9 的液晶显示器，除了屏幕还有一些按钮，所以在通道栏可将 Box 的 X、Y、Z 轴的属性改成 16:10:1 的参数，如图 4-18 所示。

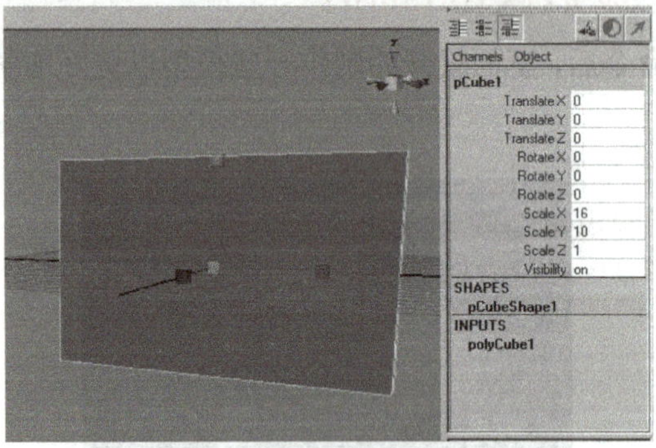

图 4-18　在通道栏改变 X、Y、Z 轴的属性

2）选中 X 轴的一个面，使用挤压面命令 Edit Polygons → Extrude Face。出现操纵手柄以后使用缩放手柄对新挤压出来的面进行缩放。达到一定的效果后再次执行命令，并且向内拉出一些距离。这样可以使得显示器的屏幕给挤压出来。我们除了可以执行挤压命令，也可以通过快捷键 <g> 来完成操作。

3）屏幕制作好以后，给 4 个顶角进行倒角。选择命令 Edit Polygons → Bevel，将 Offset Distance（偏移距离）参数调节到一个适合的数值，再将 Segments（段数）调节至 4。（注意：分段数越多倒出来的角越圆润，但是制作的时候也要注意计算机的负担，分段数太多的话计算机的压力会越大，这样后面如果需要赋予材质 UV 时就难整理了。）

4）由于此时屏幕上的面的边缘显得太过尖锐，因此我们不必用倒角这个命令来处理边缘，可以通过 Split Edge Ring Tool 来给显示器的边缘增加一条细节线，通过对定点的位置的调节来达到倒角的效果。Maya7.0 中提供了 Split Edge Ring Tool 命令，就是针对多边形边这个元素进行编辑的。打开 Edit Polygons → Split Edge Ring Tool，单击命令后会发现鼠标变成了一个空心高亮的箭头，说明命令已经被激活了，然后在需要添加的地方点击这个光标，会出现一条环绕的虚线，松开鼠标后刚才虚线的地方就被添加了一条细节线，通过调节定点的位置来达到造型的效果，如图 4-19 所示。

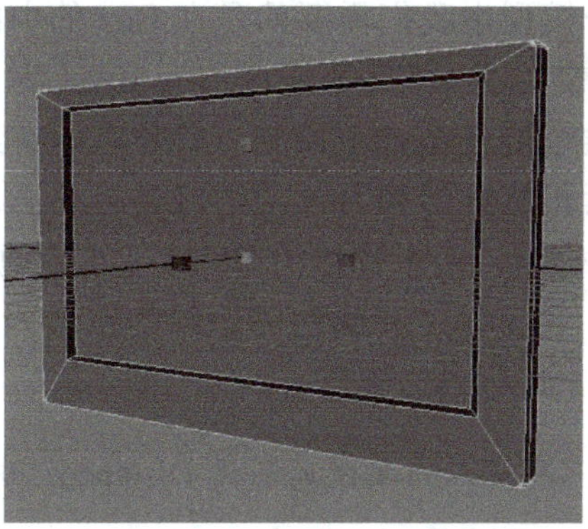

图 4-19　给屏幕边缘添加细节

5）接下来开始制作显示器的支架部分。从上面书桌的制作中可知，制作一个模型不一定要在一个几何体上挤压得到最终结果，可以通过多个几何体的拼接来完成造型。创造一个 Box，在通道栏的缩放属性中调节参数为 2:1:0.3，并且删除 Z 轴后面的一个面，来达到制作的要求。再创建一个圆柱体，将它的 Y 轴方向调节为 2，并沿着 Z 轴方向旋转 90°，进入面编辑，在侧视图中将一半的面删除，单击 Polygon → Combine（合并多边形）命令，可通过位移半个圆柱体贴合到 Box 上并且进行合并多边形的操作。（注意：合并多边形工具 Combine 有一个对应的解除合并多边形工具，就是将合并了的多边形解散开来，命令为 Polygon → Separate）。这时我们发现两个物体已经合并为一个物体，但是由于圆柱体中间有一个细节线，而 Box 没有，因此可以用分割多边形工具给 Box 中间添加一条细节线，方便下面的操作。单击命令 Edit Polygons → Split Polygon Tool 后面的属性窗口，在原先通道栏的位置出现了 Split Polygon Tool 的属性，如图 4-20 所示。

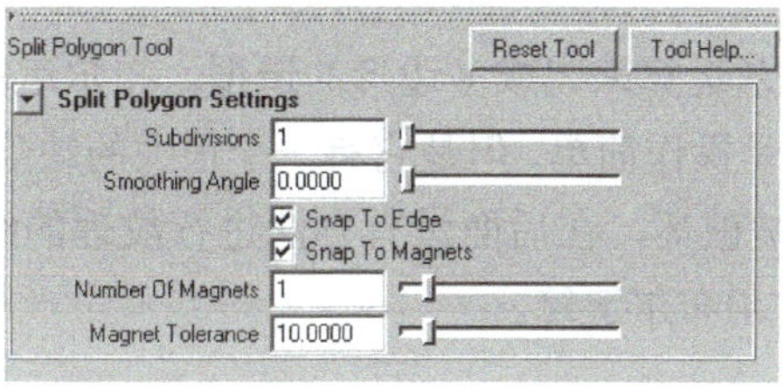

图 4-20　Split Polygon Tool 的属性窗口

注意:

1）在使用 Split Polygon Tool 时，必须从一个边开始，到相邻的一个边结束，不可凭空添加。

2）在属性面板中第一个参数 Subdivisions 为添加线的分段数，一般在制作模型时使用默认值即可，不需要改变参数值。

3）在使用 Split Polygon Tool 时，如果需要在物体的正中间添加线，则可以将最下面一个参数 Magnet Tolerance 的值调节为 100，这样可以默认直接找到物体的中心点。

由于在支架顶部的这个模型中我们需要的是在 Box 的中间添加细节线，因此在属性栏找到 Magnet Tolerance 的属性后，将其数值调节为 100，为 Box 来添加线，从而分割这个多边形。在添加线的时候还要遵循一个原则，就是有始有终，所以必须在 Box 上添加一圈线，添加好分割线以后将圆柱体和 Box 的边缘进行缝合。（因为原本它们分别为两个物体，因此必须要进行缝合后，两个物体的 UV 才能正确地合并成为一个物体）。可将物体转化为点元素的模式，选中 Box 和圆柱体边缘的点成为高亮的黄色，单击命令 Edit Polygons → Merge Vertices，来进行点的缝合。

注意：点缝合的参数只有点和点之间的距离 Distance，这里的数值 1 为网格的 1 个单位，根据缝合的要求，可以在数值框中填写距离的大小。在调节好数值并执行过命令以后我们要记住使用 Reset 来恢复默认设置，方便以后的操作。

由于前面我们将两个物体拉得很近，所以，数值选择为 0.01 即可，如图 4-21 所示。

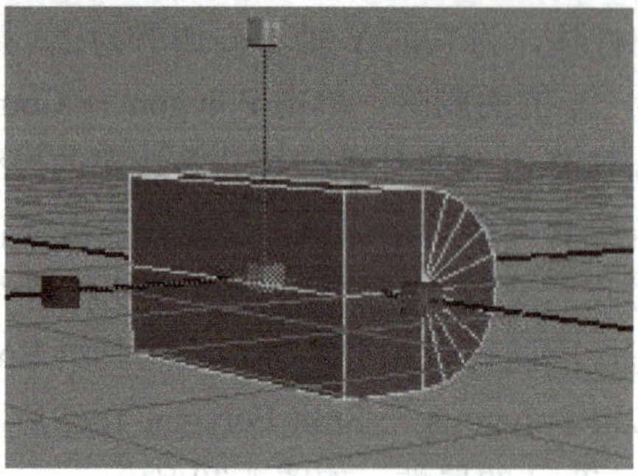

图 4-21　支架的顶部

在 Maya 中还提供了布尔运算来完成多边形的造型。布尔运算提供了并集、相减、求差这几种计算方法。它的优点是操作简单，但是它有一个很大的缺陷就是多次执行布尔运算后，多边形表面的 UVs 信息会被破坏，在后面没有办法进行纹理的绘制。所以如果需要进行纹理贴图的话，则建议不要使用布尔运算。

注意：

1）在使用布尔运算时应注意：在相减差运算的时候，需要分清楚哪个物体是被减物体，哪个物体是减去的部分，在运算前我们要先选择被减物体，再选择减掉的物体。可执行命令 Polygon → Booleans → Difference 进行操作。

2）布尔运算中相交的命令为 Polygon → Booleans → Union，求差的命令为 Polygon → Booleans → Intersection。

3）接下来我们选中正下方的一个面向下方进行挤压出支架。再创建一个球体缩放成椭圆形，将下部三分之二的面删除，并且使用修补多边形工具，单击 Edit Polygons → Fill，就可以将下面的面修补起来。通过位移工具将制作好的底座移动到适当位置，为了造型漂亮还可以将底座上的点进行提升制作出一些突出的效果。底座和屏幕拼接起来的效果如图 4-22 所示。

4）接下来制作显示器上标牌中的文字，可以单击 Create → Text 命令，即文本工具来创建文字，在文本编辑器中的 Text 文本框内输入文字即可，如图 4-23 所示。

图 4-22　底座和屏幕拼接起来的效果

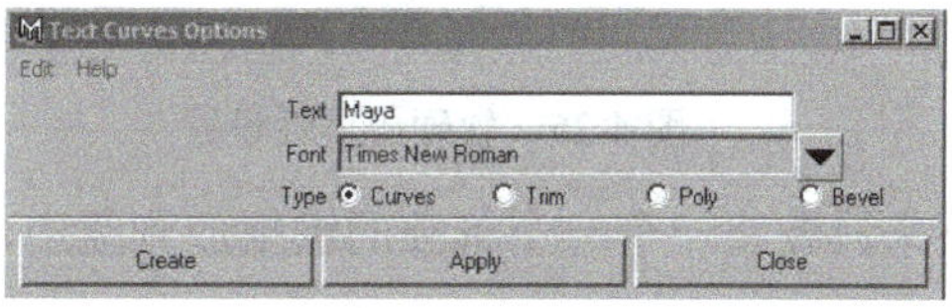

图 4-23　文本编辑器

注意：Maya 是一款全英文软件，它现在还不支持中文输入，如果需要制作中文字的话，则要在 Photoshop 中用路径来绘制，并且导入到 Maya 中来制作。

在本例中，直接勾选“FLATRON”，在输出时注意勾选上 Polygon，这样输出的就是多边形模型。将制作好的文字使用挤压面工具挤压出厚度，并通过位移调节到相应位置，如图 4-24 所示。

图 4-24　制作完成的液晶显示器

3．制作键盘、主机箱

显示器制作完毕后，开始制作键盘。键盘的制作其实很简单，用多边形挤压面，在通道栏里面增加分段数，通过对点的调节制作好键盘的盘身，造型要有细节，我们可以利用元素点的位置来调节。

在键盘的制作中，我们需要掌握的是软硬边的效果，这是 Maya 提供的一个方便建模的方法。因为想要用多边形制作一个微微弯曲的弧度很困难，但是软硬边这个效果就可以解决这个麻烦。打开命令选项 Edit Polygon → Normals → Soften → Hand，其属性设置如图 4-25 所示。图中的 Angle 是两个面之间的夹角，系统默认为 30°，即表示夹角 30° 以内的边显示为硬边，而夹角超过 30° 的边显示为软边。在制作键盘的键时只需点击“All Soft（180）”按钮即可以将所有边显示为软边，图 4-26 为制作了软边键盘上的一个键的效果。

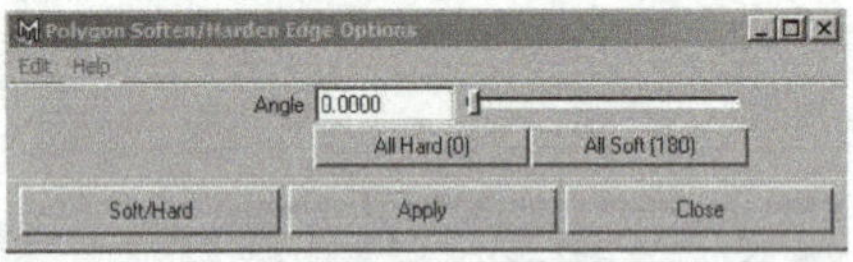

图 4-25　软硬边属性设置

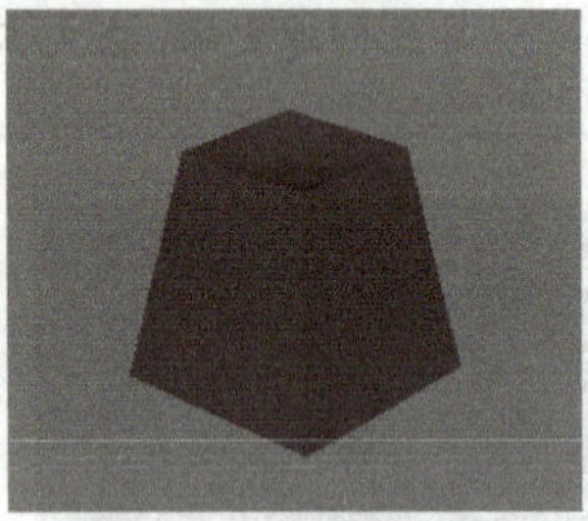

图 4-26　软边效果的键盘键

接下来只要将一个一个单独的键摆放到盘中，按键盘键的方式排列好即可。

注意：我们可以利用记录复制位置进行等距离复制来制作键盘键，打开命令 Edit → Duplicate 在其属性面板上勾选 Smart Transform，这样就可以记录第一次复制的模型位移、旋转、缩放的信息，此处只要记录位移的信息即可，如图 4-27 所示。

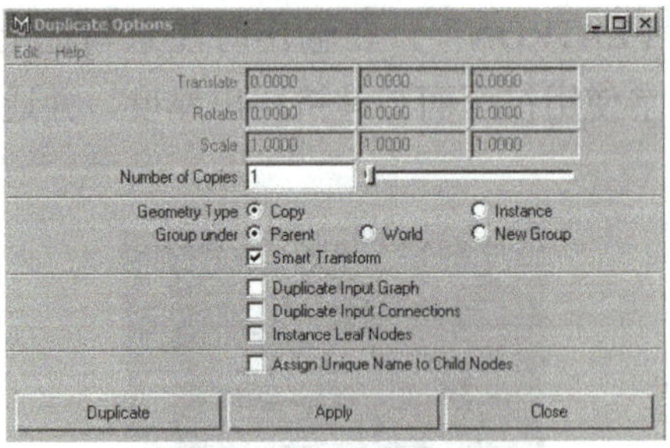

图 4-27　勾选 Smart Transform

显示器和键盘制作完后，就开始制作计算机的主机箱。可以利用一个 Box 来制作。创建好一个 Box，并在通道栏里调节好它的长、宽、高，通过倒角、挤压等命令对整个 Box 进行调节，最终得到机箱的效果。

4．制作台灯

台灯模型的制作其实和前面制作计算机、课桌一样都是使用多边形原始几何体经过挤压面工具、倒角工具等制作出来的。

首先我们选择一个圆柱体来制作台灯的灯柱部分，通过挤压面和倒角工具得到如图 4-28

所示的台灯柱台灯底座。

接下来制作台灯的灯罩，我们可通过挤压面工具制作灯罩，并使用一圆柱体通过通道栏设置它的边数为六来制作一个六边体的灯罩，如图 4-29 所示。将灯罩和刚才制作好的灯柱拼接在一起，就完成了台灯的制作。

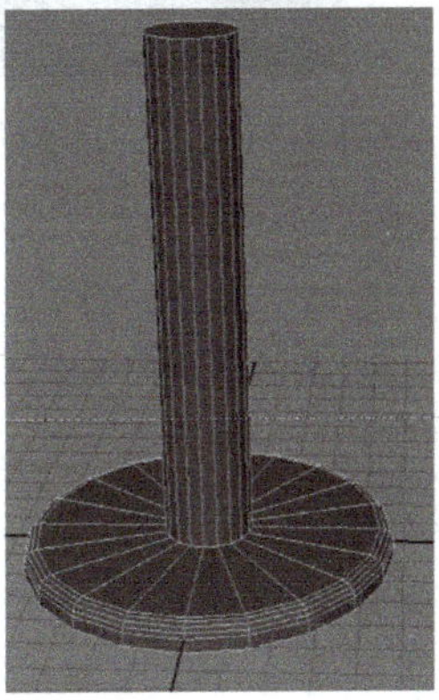

图 4-28 制作好的台灯底座

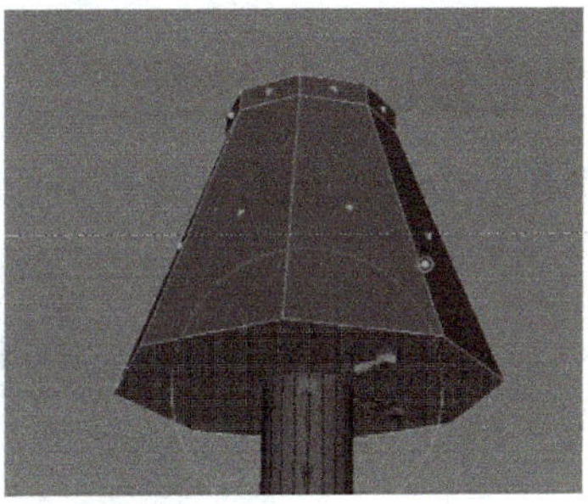

图 4-29 台灯罩的制作

到这里硬边模型的制作—— 我的课桌就制作完成了。

Maya 多边形建模除了挤压面工具和倒角命令外，还提供了很多命令。下面就介绍一些常用的命令。

（1）创建多边形工具 用 Polygons → Create Polygon Tool 命令可以创建一些复杂的模型，如角色建模中可以用它绘制出眼睛的形状再配合挤压边、挤压面等工具就能制作出头部。

（2）切割多边形工具 用 Edit Polygons → Split Polygon Tool 命令可以进行切割多边形的操作。它也是多边形建模中最常用的命令之一，此命令在角色建模中经常会用到。在下面制作卡通角色中会详细介绍此命令的应用。

4.3 多边形角色建模

一部动画，离不开角色，而怎样才算是一个好的角色模型呢？在本节的学习中我们一起来探讨一下。首先来欣赏一下国外优秀的角色模型，如图 4-30 所示。

在图 4-30 中可以看出这是一个好胜斗勇的角色。这个角色就是通过模型夸大了面部特征来体现人物性格的。因此要制作一个好的角色，必须学会如何抓住这个角色的特征，这样才能更好地制作出模型。而要抓住一个角色的特征，首先必须分析角色面部的一些特点，这样才能更好地抓住这个角色的特征，来为我们以后的影片提供一个很好的模型。

我们都知道人是由骨骼和肌肉组成的，身高和面部特征都有一定的比例，在我们绘画的术语中给五官定位就有三庭五眼、四高三低等。一个成年人的身高的理想比例是七头身等。我们在 Maya 角色建模中制作一个写实的人也必须遵循这些规则。这样才能制作出一个标准的人类角色。

当然制作一个写实的人还要了解面部的骨点，因为这些骨点控制了一个人的面部特征，这样才能做得像。在了解了以上这些知识后我们才能制作一个好的人物模型，如图 4-31 所示。

图 4-30　优秀的卡通角色

图 4-31　一个写实的人头模型

4.4　制作一个可爱的卡通角色

下面就学习制作一个拟人化的可爱的小鸟的角色，如图 4-32 所示。

图 4-32　一只可爱的小鸟模型

小鸟模型的制作是通过对一个球型原始集合体进行修改，建立出来的。同时还会用到前面学习的很多命令。

多边形建模的方法有很多种，主要有：从整体到局部，包括从球体或立方体开始制作的方法。这种方法有点类似雕塑，优点是对人物外形结构能更直观地掌握，使模型控制起来相对容易些，是一种比较适合初学者使用的方法，在电影生产中，我们大多也是采用这种方法。另一种是从局部到整体，例如对头部各器官分别制作，最后再组合在一起，这种方法的优点能使人物局部特征突出，但在对模型整体结构的把握上难度较高，需要较强的空间想象能力。下面我们主要讲解从局部到整体这一方法。

1．面部和身体的制作

从总体上来看这只小鸟模型外形呈椭圆形，因此我们可以选择多边形球型原始几何体来建立它。创建一个在 Axis 和 Height 细分上分别为 12 和 8 的分段数的球体，如图 4-33 所示。

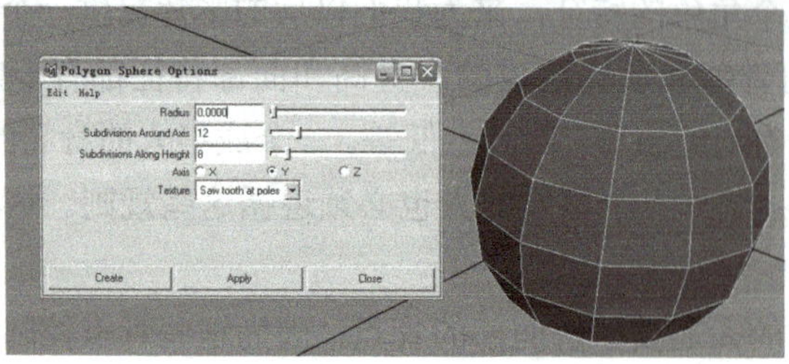

图 4-33　创建一个分段数为 12 和 8 的原始几何球体

我们为什么要将球体调节成 12 和 8 的分段数呢？前面学习多边形特点的时候，我们知道多边形建模的缺点是如果顶点太多的话，很难很好地控制多边形的模型，需要调节很多点才能达到制作的目的，所以在这里就不能使用默认的原始几何体。如果刚开始的分段数太多的话，控制点调整起来会很麻烦，太少的话又不足以体现结构。

接下来通过缩放以及多边形顶点的调节，来达到我们需要的形状。我们知道鸟类也是有脊柱的，所以在这里将球体调节成如图 4-34 所示的形状。

通过命令 Edit Polygons → Delete Vertex 来删除顶点，这样可以重新来塑造小鸟的头顶部分，如图 4-35 所示。

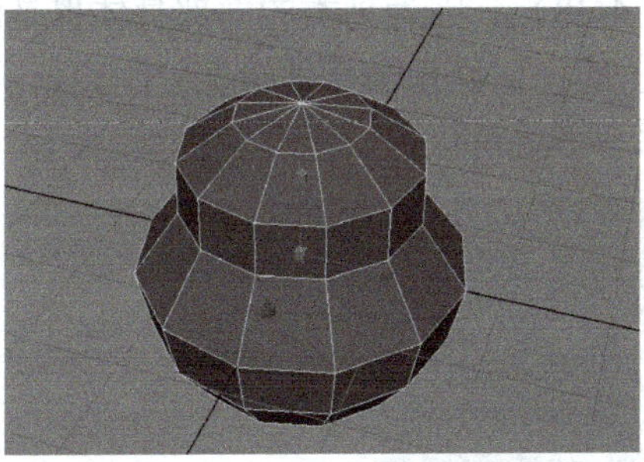

图 4-34　调节好的小鸟的头部和身体部分

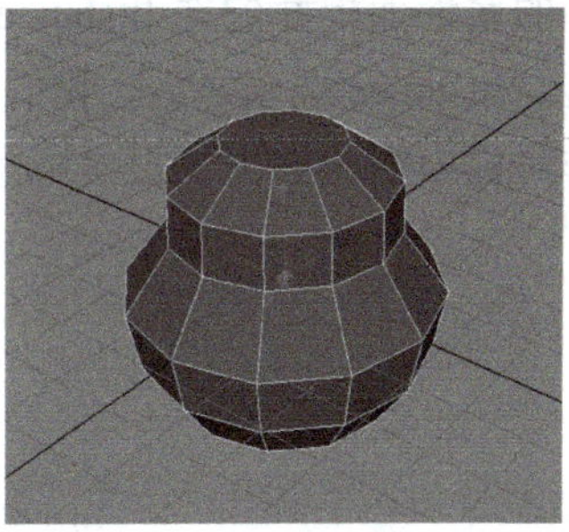

图 4-35　使用 Delete Vertex 删除顶点后的效果

注意：多边形的元素中顶点 Vertex 和边 Edge 这两个元素是不能直接使用快捷键 <Delete> 来删除的，只有面 face 这个元素才能直接删除。直接使用快捷键 <Delete> 删除边的话，被删除的边的顶点会残留在其他的边上影响模型的造型。而有边连接着的顶点是根本无法直接使用快捷键删除的。

接下来使用切割多边形工具，打开命令来制作小鸟的顶部，如图 4-36 所示。

图 4-36　使用切割多边形工具重新建立小鸟的头顶部分

注意：

1）在使用多边形切割工具时，如果需要在模型每个面的中间添加边的话，则可以将属性面板（见图 4-37）中的 Magnet Tolerance 参数的滑块拉到最大数值为 100。

2）而切割多边形工具只能在模型的边元素上添加顶点，如果凭空添加的话就是错误的。

3）切割多边形工具的图标为，我们可以直接使用这个图标，但是需要单击激活选项切割的物体，才能顺利完成命令。

4）在使用切割多边形工具的时候还需注意添加分割边的时候，要添加一圈，要有始有终。

进入面编辑模式，删除一半的面，镜像复制出一半模型，在复制的过程中，我们打开复制模型的属性面板并勾选 Instance 选项（见图 4-38）。因为鸟类的面部身体也是两边对称的，勾选了 Instance 选项之后，我们在一边模型上的任何操作都会被镜像复制到新的模型上，这样制作对称模型就省去了很多麻烦，只需制作一半就可以得到完整的模型。

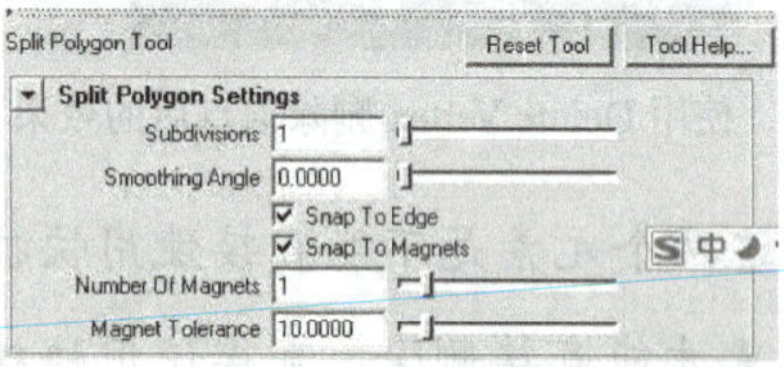

图 4-37　Split polygon tool 的属性窗口

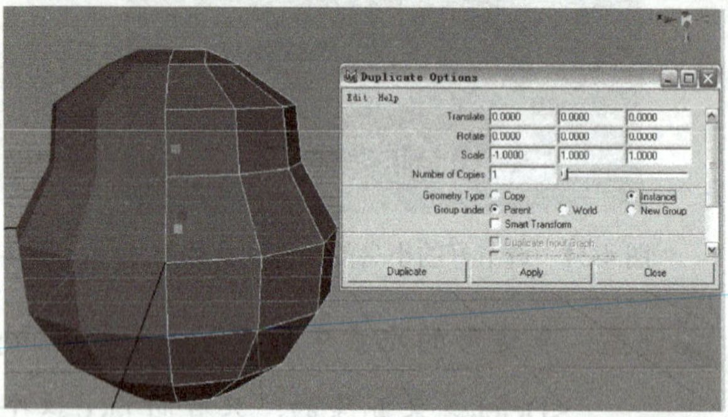

图 4-38　勾选 Instance 选项

接下来继续使用分割多边形工具在模型上添加分割线，再通过对顶点的调节来制作小鸟的眼睛和嘴巴部分。首先第一圈是给小鸟的眼睛定位，如图 4-39 所示。第二圈线是为小鸟的嘴巴定位，如图 4-40 所示。然后通过挤压面工具在小鸟的嘴部挤压出口腔，并通过点的调节，调整好嘴部的造型。

注意：制作嘴部的时候，嘴角这里一定要有丰富的细节线，而且不能出现三角形的面，原因是嘴部动画是调节整个面部表情的重要环节，如果在嘴角这里出现了三角形的面则在今后调节嘴部动画时会出现撕裂的显现。所以在这里我们需要添加更多的细节线来表达嘴部的造型，如图 4-41 所示。

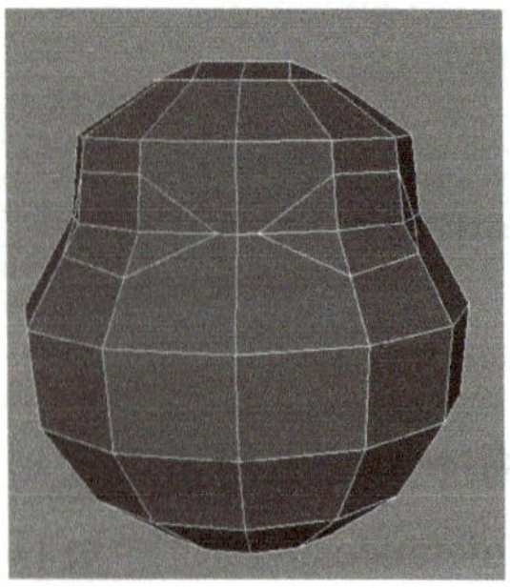

图 4-39　眼睛定位

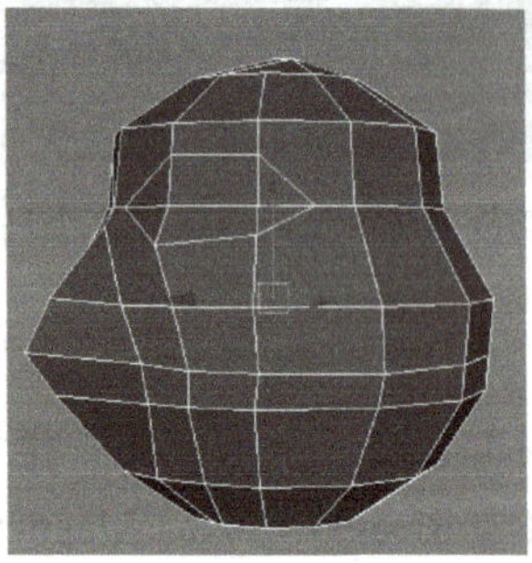

图 4-40　嘴巴定位

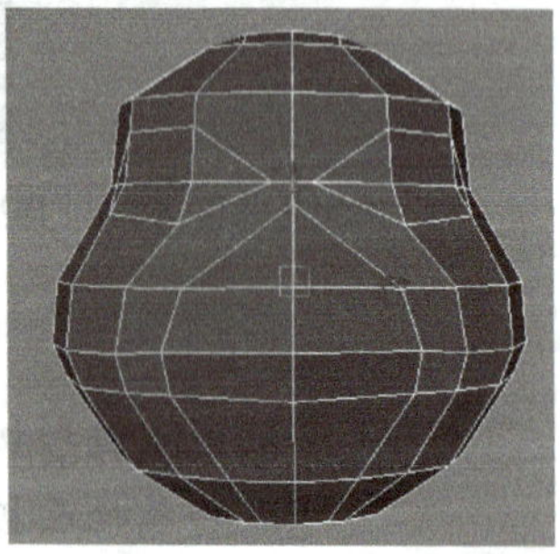

图 4-41　嘴部造型

眼部的造型是很重要的，现在六个点并不能体现出小鸟眼睛的形状，所以在这里我们还是必须为模型添加分割线，只有这样才能更好地制作出良好的模型来。

注意:

1）制作眼部的时候，需要通过一圈一圈的细节线来刻画眼部的细节，因为这个角色是一个拟人化的可爱卡通角色，所以在制作过程中也和制作人物模型一样，需要雕刻出眉骨、眼皮、眼眶等细节。

2）在眼眶内制作一对眼球，可通过调节眼部的顶点，让眼眶包围在眼球的外面。

3）在制作眼皮时选择眼眶边缘的一圈边，打开 Edit Polygons → Extrude Edge 命令，使用挤压边工具挤压 3 次，第 1 次，向外挤压并缩放，做出眼皮；第 2 次，向里挤压一点儿做出眼皮的长度；第 3 次，再向里挤压制作出效果，如图 4-42 所示。

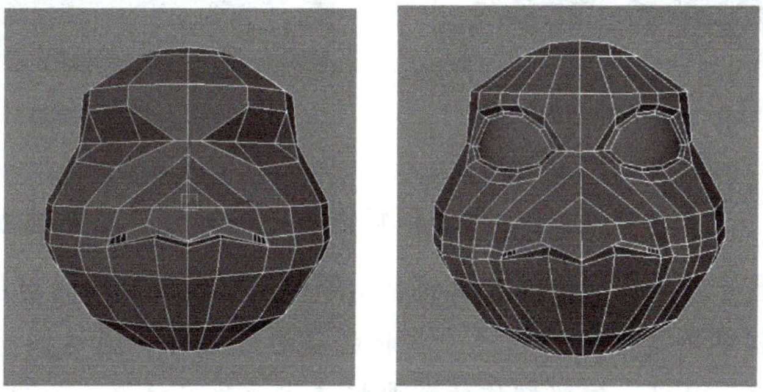

图 4-42　小鸟模型眼部的制作

在小鸟的面部和后脑的部分添加细节线，来细化整个模型的面部，方便以后制作动画。只有在细节线够多的情况下，才能更好地调节动画，所以今后需要制作动画的部分，都应进行细化处理，特别注意要处理好面部、眼睛、嘴部的细节线。通过细化整个模型，为后面的动画制作打好基础。通过细节线的添加、顶点的调节、删除多余的分割线、消除五边和三角面的存在，并对鼻子上部的一个面挤压制作出小鸟的鼻孔，以上这些细化工作做完后，小鸟的面部和身体就制作完成了，如图 4-43 所示。

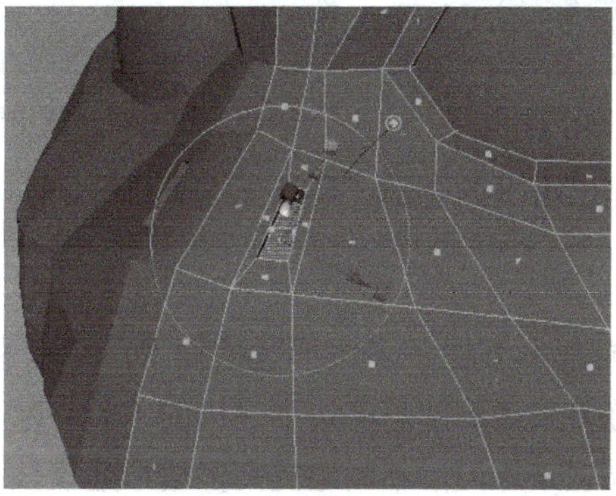

图 4-43　小鸟模型的细化工作

2. 四肢的制作

在制作完成小鸟的面部之后，就需要制作小鸟的四肢了，和人类不同的是小鸟的上肢是翅膀，我们可以通过选择边上的一个面进行挤压，在身体的侧部的面进行向外挤压并添加线，做出翅膀，如图 4-44 所示。因为这个角色是拟人化的卡通角色，所以要将小鸟的翅膀拟人化成为手，因此就不能制作出丰润的羽毛。只要将翅膀的顶端挤压成为 3 个分叉，来模拟手的效果即可，如图 4-45 所示。

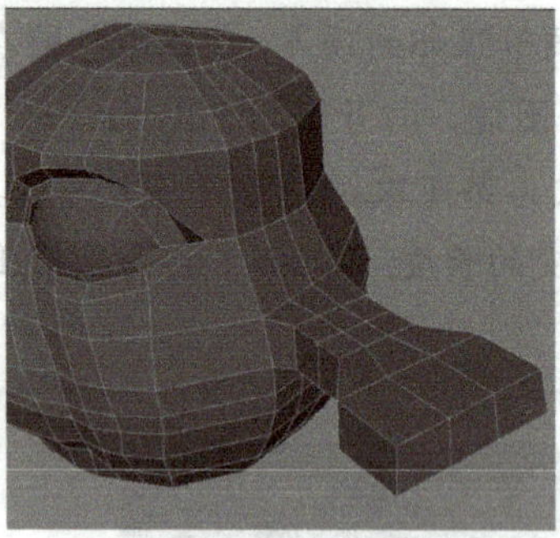

图 4-44　小鸟翅膀

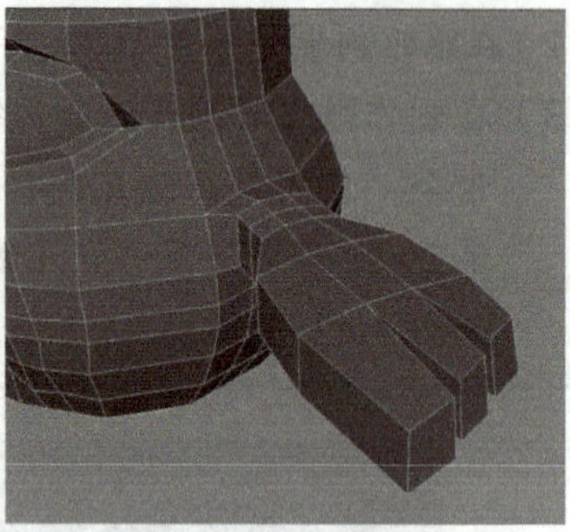

图 4-45　小鸟手的制作

注意：制作小鸟翅膀的时候实际上和制作手一样，为了动画的方便我们将翅膀如大字型展开，而不能像现实中的小鸟那样，制作成翅膀向后包住身体。
使用创建多边形工具创建一些新的多边形面片，通过调整顶点，制作出小鸟的头发和尾巴，按照制作的需要把这些面片安插好，如图 4-46～4-47 所示。

图 4-46　制作头发

图 4-47　制作尾巴

再使用挤压面工具制作出小鸟的脚部，到这里这只可爱的小鸟模型就算制作完成了。

4.5　小结

通过以上的学习，我们基本掌握了多边形建模技术，可以利用所学习到的知识来制作更多的模型，通过更多的练习来达到熟悉多边形建模的工具。除了上面的例子，同学们可以多找些硬边的模型和角色模型来练习，不断地提高多边形建模技术的熟练程度。接下来的章节，我们会详细介绍 NURBS 建模技术。

第 5 章　NURBS 基础

5.1　创造 NURBS 的方法

NURBS 建模的方法有很多种。本章我们首先学习它最基础的建模方式。通过原始几何体来创建模型，以及使用 Surfaces 里面最简单也是最常用的几个命令来创建一组简单的模型，来复习下前面说到的 NURBS 建模方式的优点和缺点。现在我们就使用这些命令来制作一组静物，在 Maya 的工作环境中制作出一副简单的静物写生的画面。

1．通过原始几何体来制作苹果

首先我们创建一个球型的原始几何体，并通过对 NURBS 曲面的控制点位置的调节，来调节出苹果的造型，如图 5-1 所示。

然后我们开始制作苹果的把儿，并可以通过圆柱型的原始几何体，在通道栏里增加细节，和苹果的身体一样通过对控制点的调节，来制作成为我们需要的形状，再将把儿和苹果的身体结合，此时一个苹果就制作好了。这个苹果模型的制作体现了多边形最大的优点，就是可以通过对很少的控制点的调节，来达到快速制作平滑模型的效果，如图 5-2 所示。

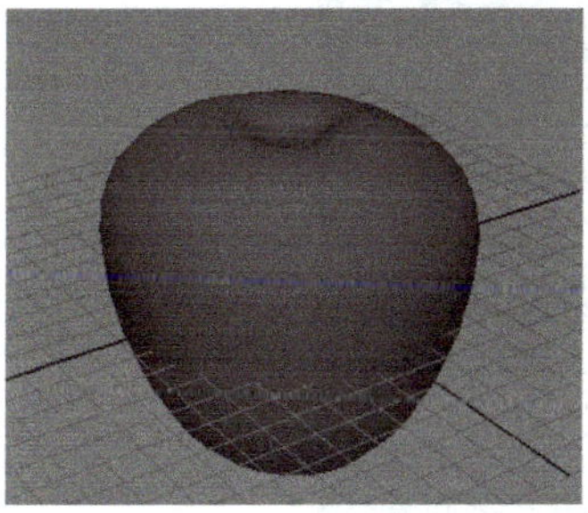

图 5-1　苹果的身体

图 5-2　制作完成的苹果

2．酒杯、水果盘的制作

接下来我们使用简单的造型工具，即 Revolve 旋转工具来制作酒杯和水果盘。首先通过命令 Surfaces → Revolve 打开 Revolve 的属性面板，如图 5-3 所示。在 Revolve 属性面板中如果掌握了参数 Start Sweep Angle（起始角度）和 End Sweep Angle（结束角度）的使用，并把它们在一起运用就可以制作出很多圆形模型，若使用默认值参数可以得到一个圆形物体。如果改变了起始的角度，则可以得到更多形状的模型。特别是在制作欧式古典建筑时会使用到。下面的 Segments 参数是分段数，默认值为 8，即旋转出来的物体有 8 条分段，根据制作模型精细度的要求，我们可以通过改变这个参数值来达到目的。

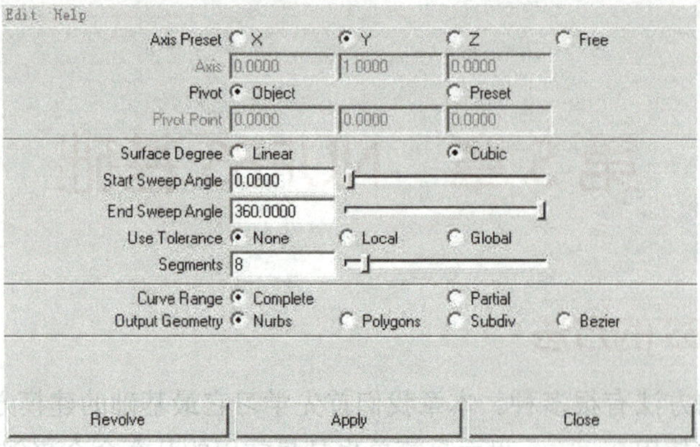

图 5-3　Revolve 的属性面板

本例需要制作一个高脚酒杯和一个圆形的水果盘，可以使用 Revolve 命令来制作。首先要分别绘制一条酒杯形状的贝塞尔曲线以及一条果盘形状的贝塞尔曲线，来制作酒杯和果盘。

绘制曲线的时候，在公共菜单中找到并创建一条 CV 曲线。（因为初学的时候我们并不能很好地控制曲线上的点来绘制曲线，所以使用控制点来创建曲线会比较简单）

注意: 1）在绘制如酒杯杯口有棱角的地方，我们可以通过在相同位置上再点击控制点来完成，这样就可以轻松地制作出直角的弯度了，如图 5-4 所示。

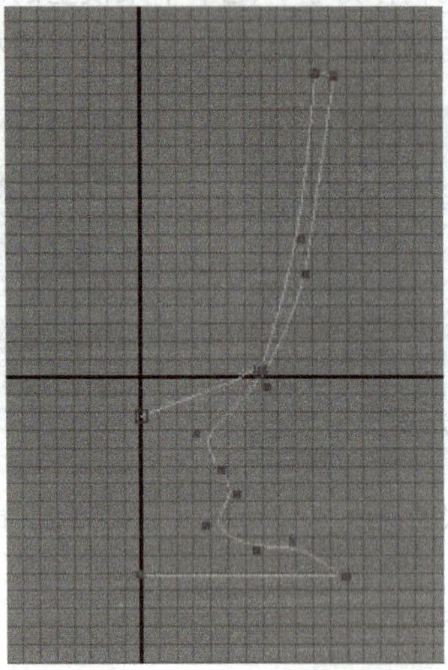

图 5-4　通过 CV 曲线绘制的酒杯曲线

2）在绘制旋转需要的曲线时，根据旋转的方向，选择在三视图的一个视图里面来绘制。本例需要绘制的是一个垂直于 Y 轴的酒杯和盘子，所以可以选择在侧视图绘制曲线。果盘的曲线也是在侧视图中绘制的，下面就以酒杯为例绘制出曲线。

进入物体模式激活这条曲线，成高亮绿色，再单击 Revolve 命令，来生成酒杯的形状，如果生成的酒杯造型不是很满意，则还可以通过对曲线上的CV点的调节，来修改酒杯的形状，一直调节到满意为止，这个特征是Maya中历史记录起到的作用。如果没有记录历史或者删除历史则不能再通过曲线上的点对整个杯子的模型进行调节了。果盘的制作方法和酒杯一样。我们还可以使用Revolve命令制作出很多具有对称性质的圆形物体。将制作好的酒杯、果盘、苹果、还有花瓶等静物结合在一起摆放成一组有美感的图片，如图5-5所示。到这里静物制作就全部完成了。

图5-5　制作好的静物

5.2　做出更加复杂的造型（编辑曲线和编辑曲面的方法）

1. 曲线的编辑方法

曲线的编辑命令有很多，都集中在**Edit Curves**这组命令中。它提供了很多编辑曲线的方法，让我们可以绘制出很多复杂造型的曲线。经常需要使用的编辑曲线的命令有：

曲线的倒角	Curve Fillet
曲线的连接	Attach Curve
打开 / 封闭曲线	Open/Close Curves
复制表面曲线	Duplicate Surface Curve
平滑曲面	Smooth Curves

2. 曲面的编辑方法

编辑曲面的工具都集中在Edit Surfaces这组命令中。通过这些命令可以做出很多复杂造型的模型。常用的编辑曲面的命令有：

在曲面上投影曲线	Project Curve On Surface
切割曲面	Trim Tool
添加ISO线	Insert Isoparms

圆角工具　　　　Round Tool
自由连接工具　　Freeform Fillet
重建曲面　　　　Rebuild Surface
打断曲面工具　　Detach Surface

在下面的综合练习中，将详细给大家讲解这些命令的使用。

5.3 送自己一部新款手机

在制作手机模型前我们必须做一些准备工作，首先要收集一些手机的参考图片。

在此练习中，将使用 NURBS 几何体创建手机的机身和耳机以及配件。这是我们利用 Maya 软件进行的工业设计。本例设计制作的是一款直板手机。

开始创建一个新的项目，命名为 phone_model。在实际项目中，需要收集一些参考信息、照片和图像，作为手机设计的基础。通常，这些参考图像都放置于项目的源图像文件夹中（Sourceimages）。

1）选择 File → New Scene。通过选择 Modeling 菜单或者按下 <F3> 键来打开 Modeling 菜单。

2）将手机的参考导入图片到 Maya 中，需要将该草图作为图像平面来导入。在前视图窗口中，选择 View → Image Plane → Import Image。

图像平面是一个位图，例如 TIFF 或者 JPEG，它作为一个参考图像可以显示在一个或者所有的工作面板中。图像面板特别适合用于建模。

3）找到源图像文件夹中的参考图片，并装载它。现在，草图将在前窗口中全屏显示，并作为透视图中的一个平面。将图像平面放到网格后面（调节图像平面的位置和大小）。

4）调整图像平面的设置并将它放置到网格的后面。当前，图像平面应该装载在原点，并且位于前面窗口的网格上方。向后移动一些，以便看到网格。

5）选择 View → Image Plane → Image Plane Attributes → ImagePlane1，打开图像平面的属性编辑器。

6）在 Placement Extras（位置补充）项目下，更改 Center 的值来改变图像的位置，让网格显示出来。此处允许在原点平面上创建曲线，而不会丢失图像面板后面的物体。

7）如果在其他窗口中看到图像平面比较混乱，可以在 Attribute Editorch 窗口顶部的 Display 下面，取消选择 In All Views 单选按钮，而选择 Looking Through Camera 单选按钮。这个设置将删除其他窗口中的图像平面。

1. 跟踪轮廓

根据参考图片，绘制手机轮廓。

1）选择 Create → NURBS Primitives → Square，创建 4 边形的线框，通过缩放工具调节参考图片手机的大小。

2）我们给相邻的 2 条线进行倒角，选择 Edit Curve → Curve Fillet（见图 5-6），打开属性面板后，出现 Trim 这个勾选项。Trim 选项的勾选与否是有很大差距的。从图 5-7 中可以明确看到其差别。图 5-7a 为未勾选；图 5-7b 为勾选了 Trim；图 5-7c 为勾选 Trim 和 Join 的效果。

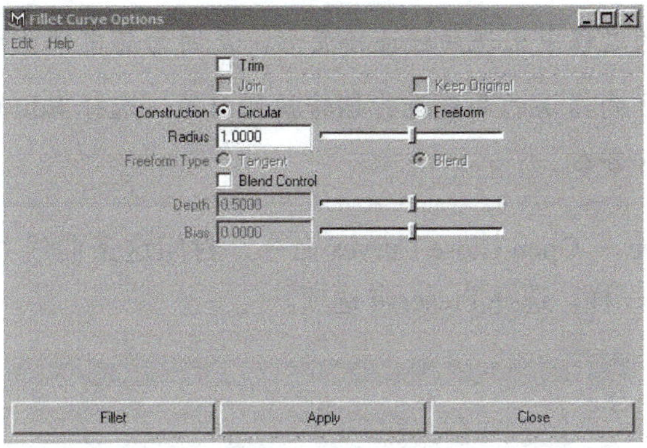

图 5-6　Curve Fillet 属性

a)　　b)　　c)

图 5-7　Trim 选项勾选与否的差别图

3）选择 Edit Curve → Attach Curve 命令，打开连接曲线的属性面板，如图 5-8 所示。在 Curve 属性面板中有硬性连接和曲率连接两种选择，在图 5-9 和图 5-10 中分别列举了这两种连接方式的效果。

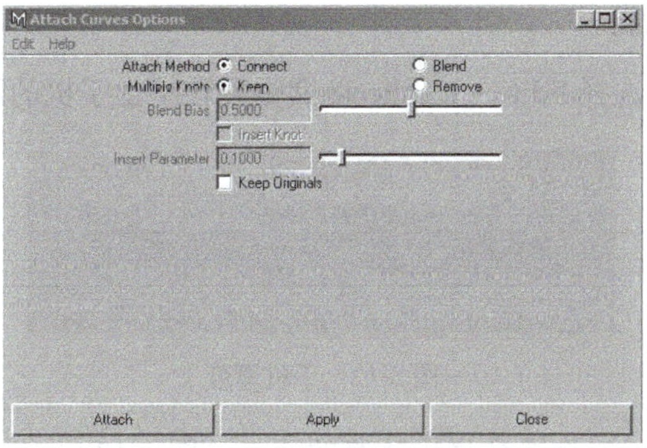

图 5-8　Curve 属性

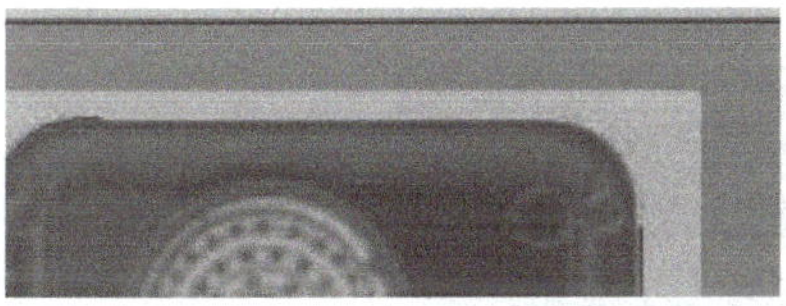

图 5-9　选择 Connect 的效果

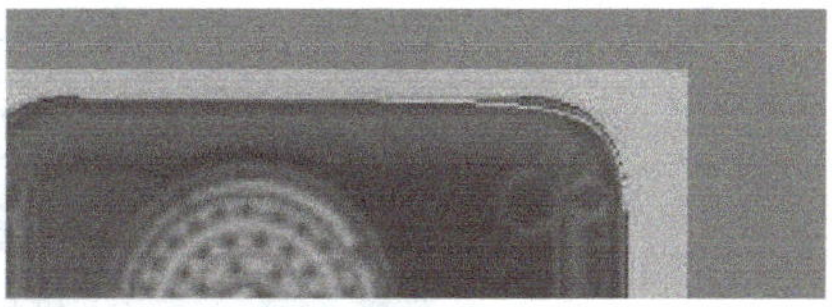

图 5-10　选择 Blend 的效果

由于我们已经根据参考图给曲线进行了倒角，所以在这里选择连接 Connect 即可。

注意：在连接的过程中出现曲线连接变形，是因为其中的曲线出现方向错误，只要我们对方向错误的曲线进行翻转就可以了，选择 Edit Curve → Reverse Curve Direction 命令。

4）选择 Edit Curve — Open/Close Curves 命令，封闭这条曲线并打开属性面板（见图 5-11），为了让边缘都一样，选择 Preserve 选项。

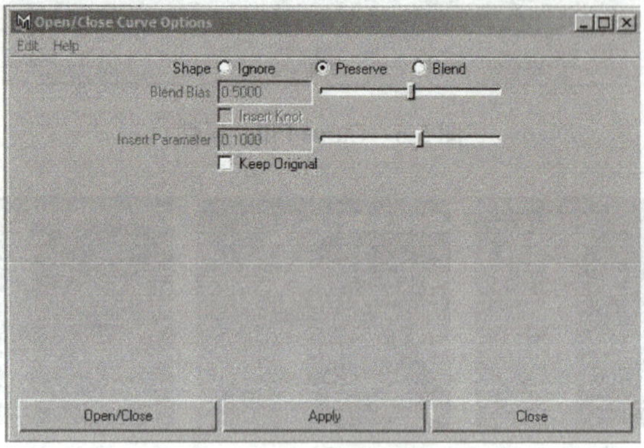

图 5-11 Close Curves 的属性

注意：完成以上部分后我们记住删除这条封闭曲线的历史，因为下面需要移动复制曲线，如果不删除历史的话，则移动时会发生变形。

2. 生成手机的机身

1）复制封闭曲线，选择 Edit → Duplicate 命令并移动出手机的厚度，如图 5-12 所示。

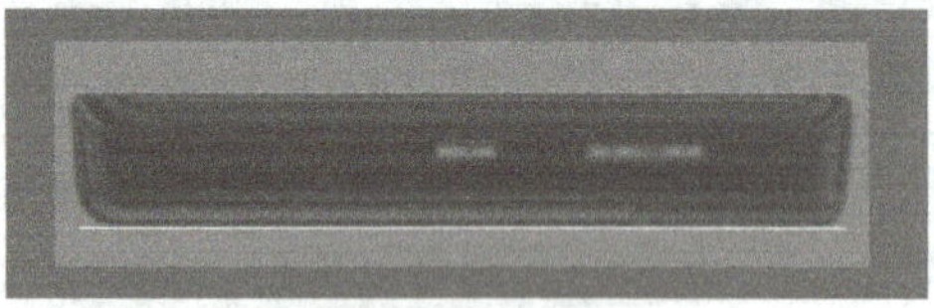

图 5-12 手机厚度

2）选择 Surface → Loft 命令放样出边缘的面（见图 5-13），在 Loft 属性面板中，可以通过 Section Spans 来调节分段数，增加模型的精细度。

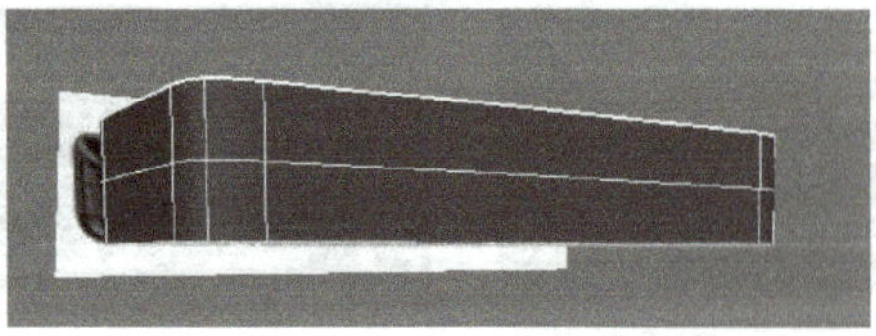

图 5-13 放样边缘面

3）选择 Surface → Planar 命令，生成手机的正面和背面，如图 5-14 所示。

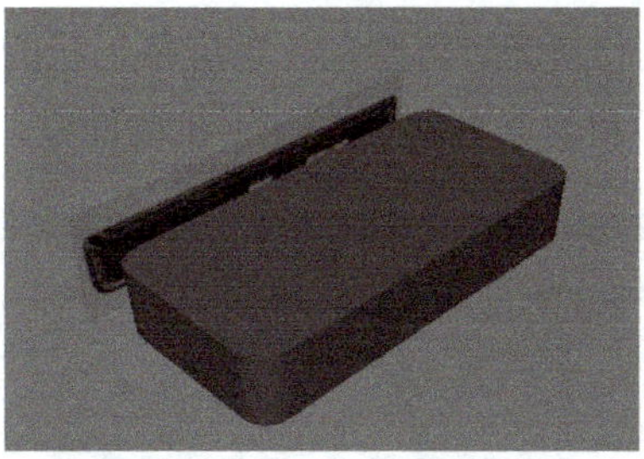

图 5-14　生成平面

注意：为了更好地进行下一步圆角操作，我们需要给上面新生成的正面与背面进行重建曲面，选择 Edit Surface → Rebuild Surface 命令，在 Rebuild Surface 属性面板中的 uv 方向增加一些细节，如图 5-15 所示。

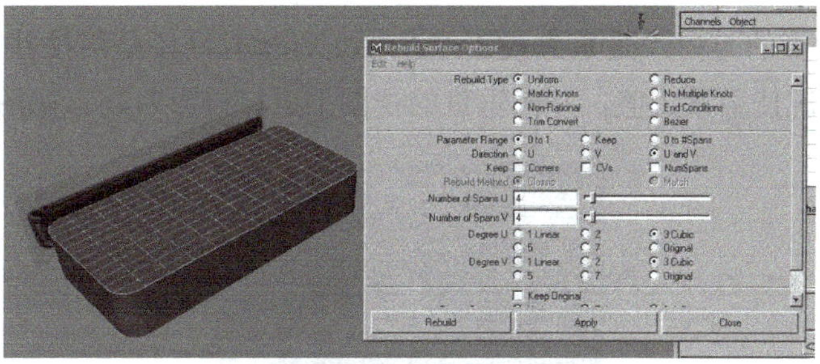

图 5-15　重建曲面的属性

4）对平面和放样出来的面进行圆角处理（手机边缘不是锋利的夹角，都是有一定圆弧的），选择 Edit Surface → Round Tool 命令打开 Round Tool 属性面板，如图 5-16 所示。

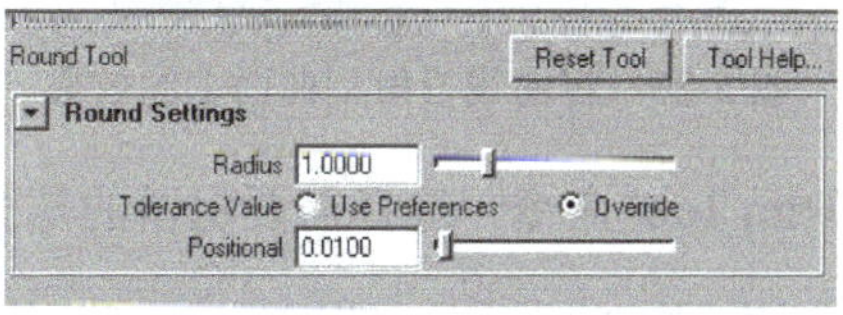

图 5-16　Round Tool 属性面板

我们可以设置图 5-16 中 Radius 的调节圆角数值，也可以利用拖拽操作手柄对圆角半径进行调节，如图 5-17 所示。

通过对上下边的圆角处理，手机的大体形状就已完成，如图 5-18 所示。

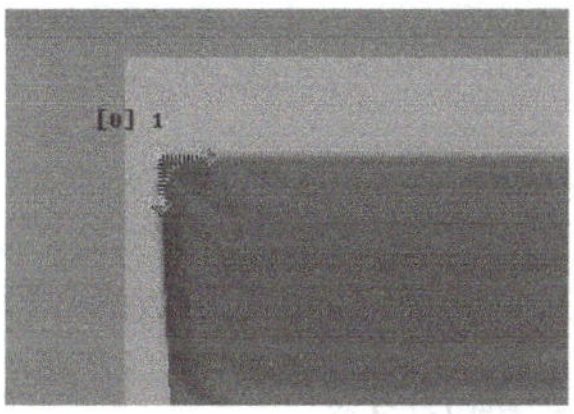

图 5-17　Round Tool 工具的操作手柄

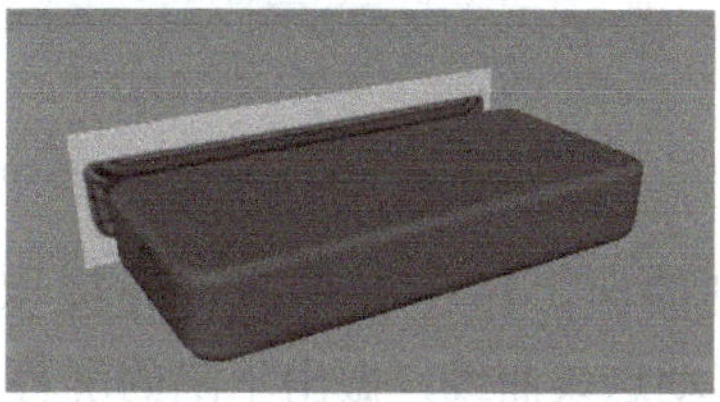

图 5-18　手机的大体形状

3. 制作手机屏幕

1）下面需要在手机上面制作屏幕，再绘制一条屏幕形状的封闭曲线。选择 Edit Surface → Project Curve On Surface 命令，将这条曲线投影在手机的面上，如图 5-19 所示。

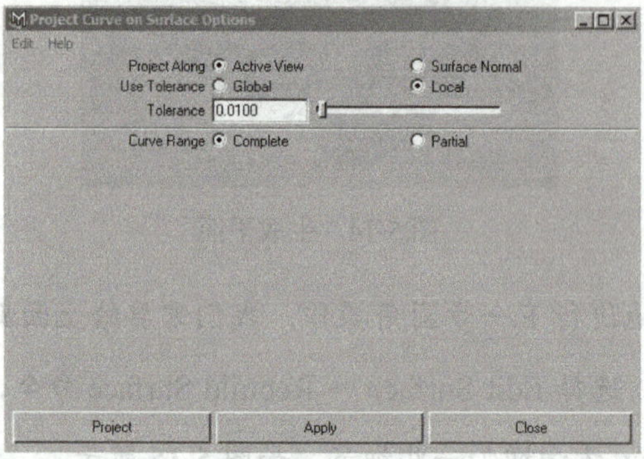

图 5-19　Project Curve On Surface 的属性面板

此处要注意投影的方向，是垂直投影（Active View），还是沿法线方向投影（Surface Normal）。一般情况使用默认值，并在垂直的视图上进行投影曲线。如图 5-20 所示。

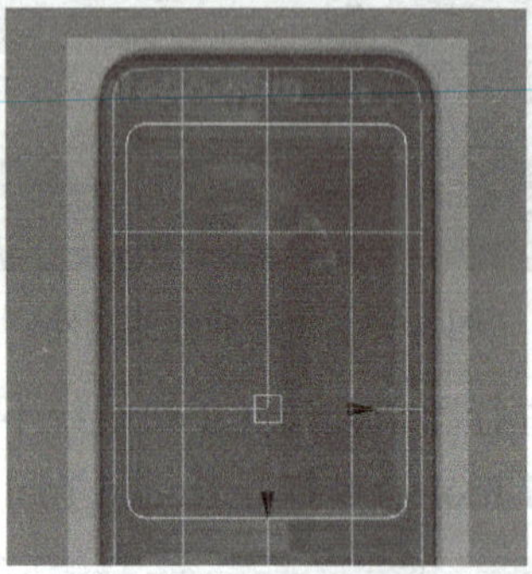

图 5-20　将曲线投射到曲面上的效果

2）选择 Edit Surface → Trim Tool 命令，选择需要保留的部分，执行命令如图 5-21 所示。

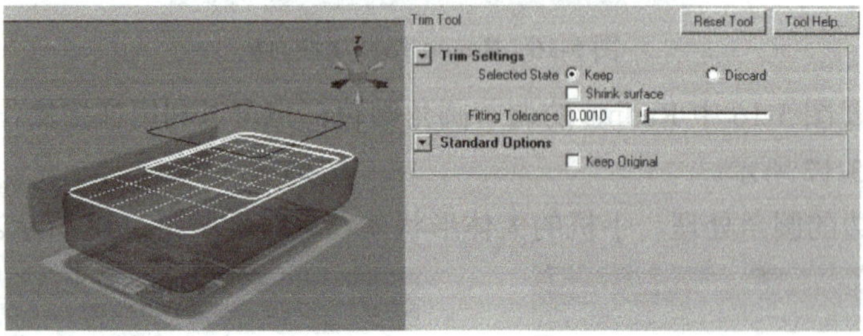

图 5-21　Trim Tool 的属性

3）在切割的面上做出屏幕，首先提取切割边，选择 Edit Curve → Duplicate Surface Curve 命令，移动这条曲线，做出下陷的屏幕，如图 5-22 所示。

图 5-22　在切割面上做屏幕

注意：在这里我们提取切割边的目的是为了让上下的 CV 点是对应的。这样放样出来的模型才会整齐漂亮。

4）利用相同的方法做出按键、耳机和充电等插口，做按键的时候注意给键的边缘做相同的圆角处理，可以更加逼真地显示出手机的按键。

5）在手机背后再做出摄像头，手机的机身就基本制作完成了，如图 5-23 所示。

图 5-23　完成的手机机身

4. 制作耳机

1）选择一个 NURBS 的圆柱体，增加好分段数，进入控制点模式框选上部的点进行调节并达到如图 5-24 所示的样子，基本生成耳机的轮廓。

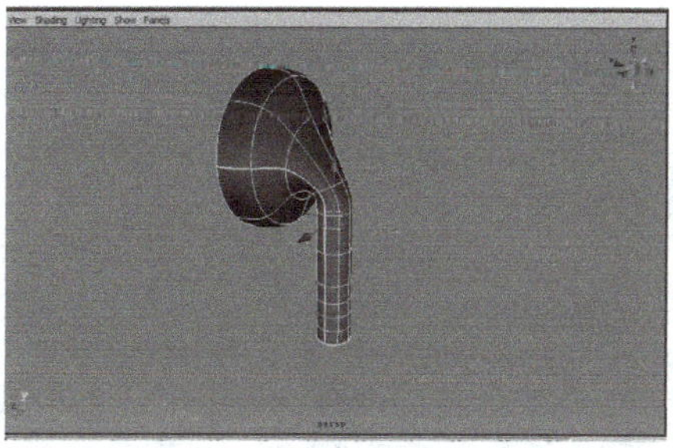

图 5-24　利用 NURBS 原始几何体拉出耳机的基础轮廓

2）用一个 NURBS 球体旋转一个 90°。选择 Edit Surface → Detach Surface 命令，打断曲面，将球体分割成为 2 半，删除一半，对留下来的一半进行保持 CV 点不变的重建曲面操作，可选择 Edit Surface → Rebuild 命令，在 Rebuild 属性面板中勾选保持 CVs 不变，做成耳机帽子的样子。复制一个帽子缩小一点做衬底，如图 5-25 所示。

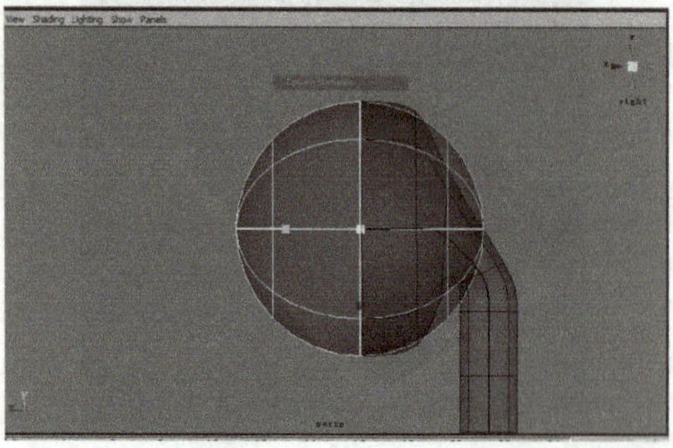

图 5-25　耳机帽子

3）开始做耳机上面的孔，利用圆形的线修改成型，利用线投影工具将成型的曲线投影到耳机的面上。

注意：投影的线框需要避开被投影曲面的起始线。（见图 5-26）

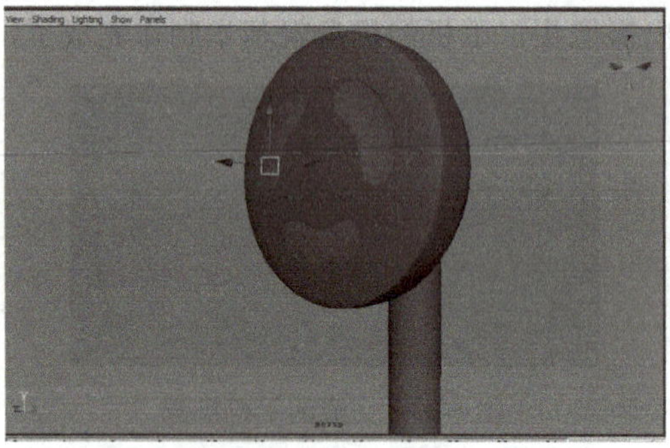

图 5-26　耳机孔

4）给耳机的孔做出深度，选择 Edit Curve → Duplicate Surface Curve 命令，向内部移动并使用放样工具放出厚度。并且做圆角处理使其边缘圆滑，如图 5-27 所示。

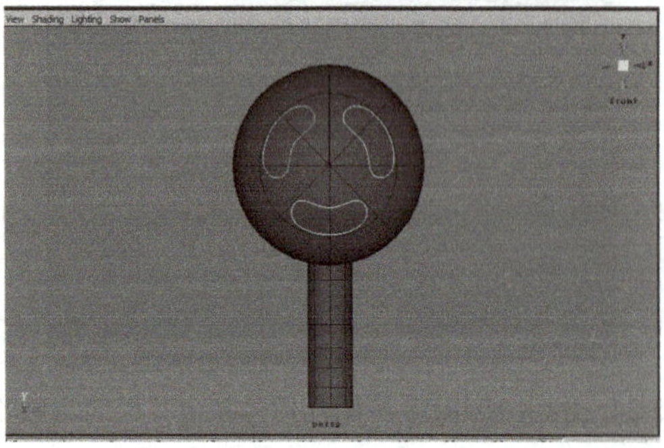

图 5-27　边缘圆滑处理

5）耳机头和身体部分的结合需要添加一条 ISO 线，可选择 Edit Surface → Insert Isoparms 命令添加线。给边缘添加细节可以通过对 CVs 点的调节来做出圆滑的过渡，用相同的方法制作出耳机柄的细节，如图 5-28 所示。

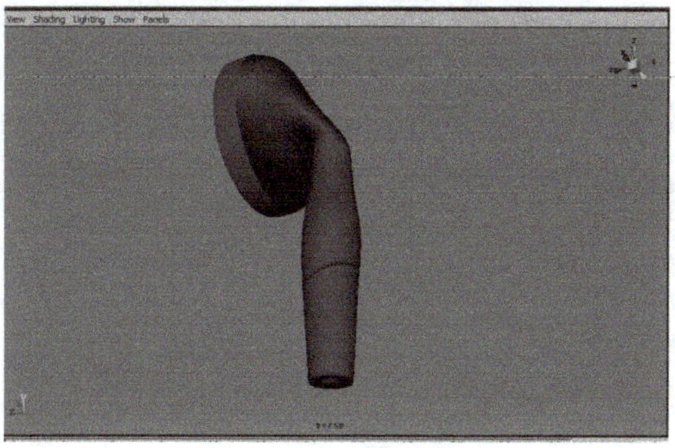

图 5-28　耳机柄部

6）添加 ISO 线来增加耳机底部的细节，制作出漂亮的底部，如图 5-29 所示。

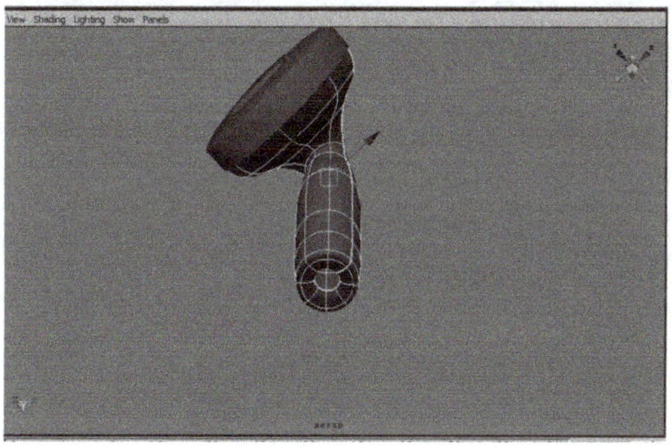

图 5-29　耳机底部

7）选择 Edit Curve → Duplicate Surface Curve 命令，并且用一条弯曲的曲线来做耳机的样子，选择 Surface → Extrued 命令制作出耳机的线，如图 5-30 所示。

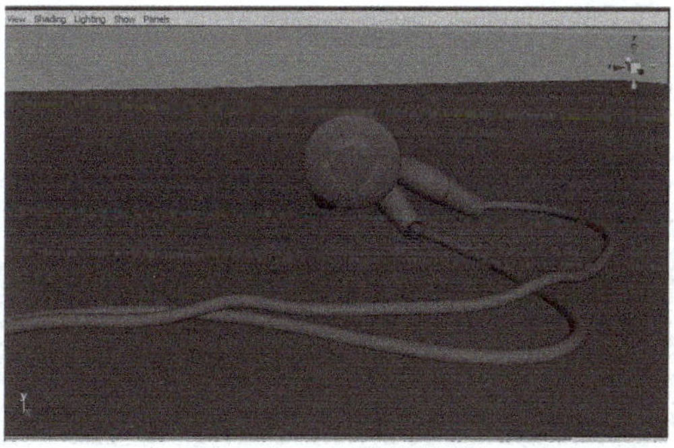

图 5-30　耳机线

注意：1）选择挤压线条的顺序是先选择挤压的形状，再选择挤压的路径进行挤压。

2）使用默认属性栏里的选项时挤压出来的 NURBS 面是和挤压的形状的线垂直的，如图 5-31 所示。

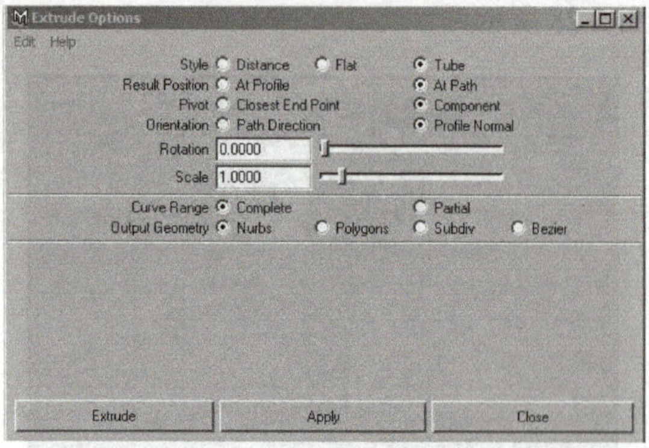

图 5-31

但是当选项改变时，挤压出来的 NURBS 面是沿着路径进行挤压的，如图 5-32 所示。

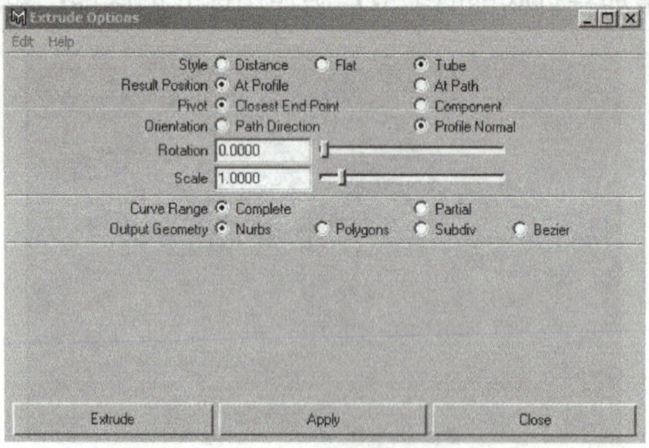

图 5-32

8）选择 Surface － Revolve 命令，制作出耳机的连接口，把它和耳机线连接起来。至此手机就制作完成了，如图 5-33 所示。

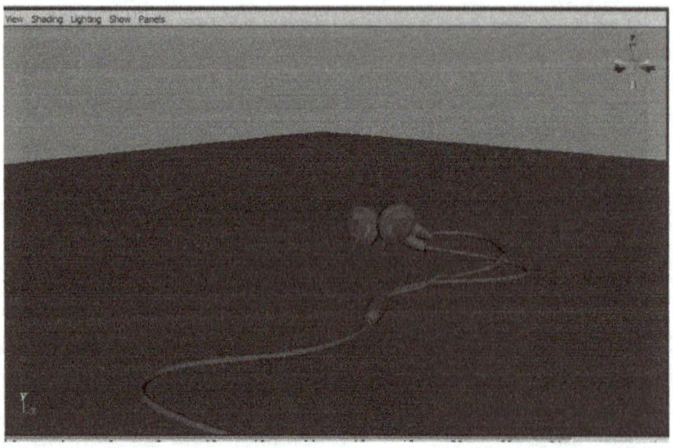

图 5-33

5. 整理大纲

选择 Window → Outliner 命令，打开大纲面板，再选择 Edit → Delete By Type → History 命令，对手机和耳机的 Surface 的面进行历史删除。此时将多余的线删除掉后，手机的模型部分就算是完成了。

5.4 小结

本例中我们讲解了很多 NURBS 的命令，同学们也已基本掌握了，下面请各位同学制作一辆甲壳虫轿车，如图 5-34 所示。

图 5-34 甲壳虫轿车

从图中可发现甲壳虫轿车的线条都是特别流畅的曲线，很多地方的构造都非常圆滑，所以非常适合使用 NURBS 建模方式。

第 6 章 简介细分表面建模

6.1 构造手部模型制作逼真的指甲

前面我们讲解了多边形建模和 NURBS 建模。近年来，利用细分表面建模技术在游戏和电影工业中建立有机体形状的应用越来越多，由于使用了“分支”，就不再需要修剪操作复杂的面片了，比如在角色建模中手掌上的掌纹、手指上的指甲等。

Maya 的建模不是单独使用一种建模方式来制作的，特别是细分表面建模，很多时候都是结合了在别的建模方式的基础上，加以修改，达到简化建模的效果。本章我们就通过制作手这个实例来讲解细分表面建模的一些常用命令。

1．建手部模型

首先我们使用多边形建模来创建手的模型，在建立手的模型之前先要了解手部的构造，正常人的手部都是由手掌和手指组成，在创建手部模型时可以通过一个 Box 来调节出相对应的分段数从而制作出手掌的部分，如图 6-1 所示。我们可以利用前端的四个分段部分来制作食指、中指、无名指和小指，在边缘再挤压出大拇指的造型，如图 6-2 所示。

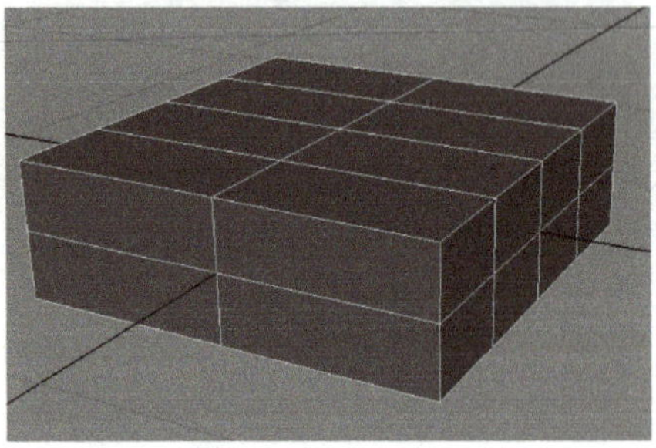

图 6-1 使用 box 调节好分段数来制作手掌的部分

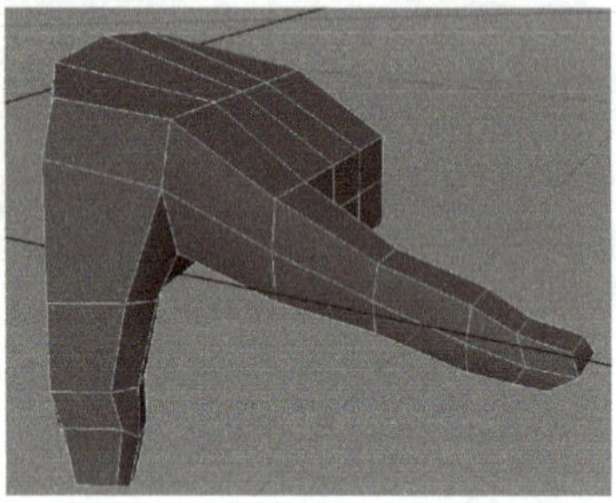

图 6-2 通过挤压制作出手指部分

注意：1）在挤压每个手指的时候要注意关节的部分留有充分的分段数，这样可以为后面的骨骼的穿插以及动画的调节做好准备。

2）指的挤压方向要注意，手在自然放松时，大拇指是向着手掌方向伸展出去的，所以我们在挤压的过程中需要调节好方向，这样才能制作出漂亮的手指。

3）制作手指时还要注意关节的大小、指尖的大小，男人、女人、小孩的手指的关节和指尖都有不同，本例制作的手以男人为例。

2．制作手指甲

在手指挤压好后我们以食指为例来制作手指甲，首先给手指的关节一节指甲盖的部分增加细节线，是为了方便制作指甲根部的皱折和指甲饱满的效果，并在指甲盖的位置用挤压面工具挤压出一个微微突起的指甲盖来，并通过顶点的调节使得指甲盖的中间微微凸起，如图

6-3 所示。

做好这一步后我们可以复制这只手指将它和其他的几个面拼接起来达到一个完整的手部模型，如图 6-4 所示。

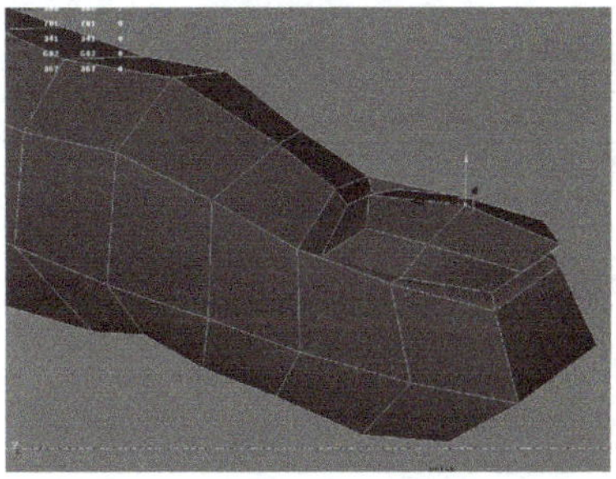

图 6-3　挤压出指甲盖的基础形状

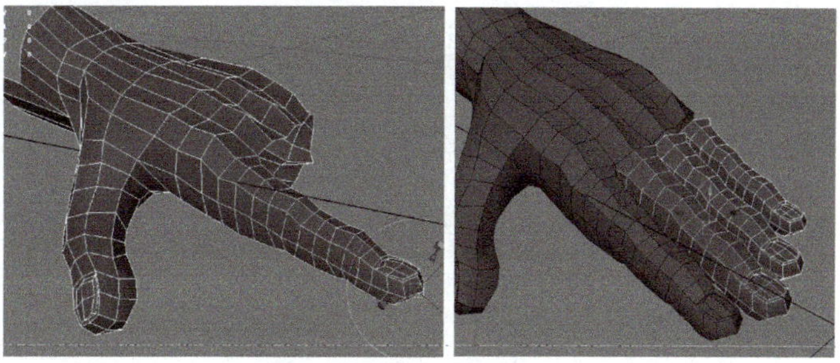

图 6-4　完整的手部模型

接下来我们利用多边形建模的 Combine 和编辑多边形的缝合点命令 Merge Vertices 将其余的三个手指缝合到手掌的模型上。

到这一步我们就可以利用细分的建模方式开始制作精致的指甲盖了。首先选择 Modify → Convert → Polygons To Subdivide 命令，将多边形的模型转化为细分表面模型。并对它的边属性进行选择，选择指甲周围的边，使用命令 Subdivide Surfaces → Partial Crease Edge/Vertices 来进行操作，如图 6-5 所示。制作出精致的指甲盖。

再经过一些点的调节，这只手部的模型就算制作完成了，如图 6-6 所示。

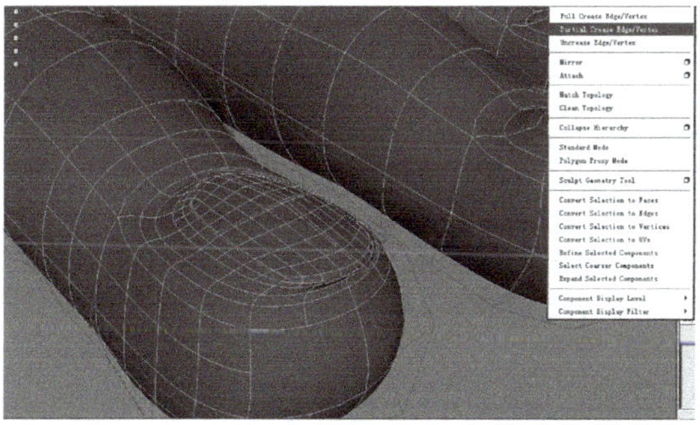

图 6-5　Partial Crease Edge/Vertices 命令

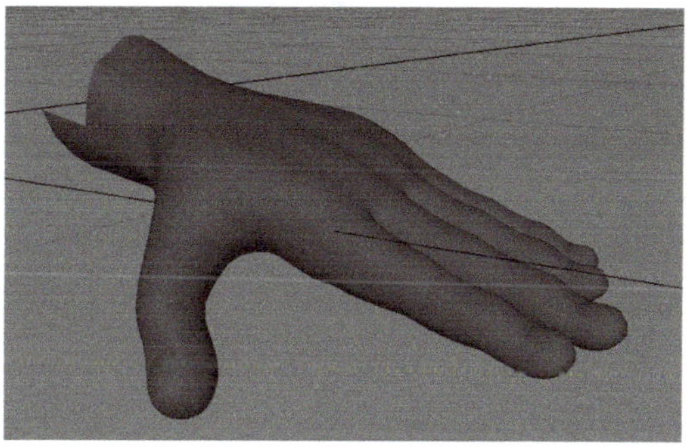

图 6-6　手部模型完成图

6.2　小结

经过本章的学习，我们初步了解了细分表面建模的特性。随着 Maya 技术的不断发展，细分表面建模在今后的建设中会起到更大的作用，我们在这里只是做了初步的介绍。在今后的学习和实践中需要大家更多的探索，将各种建模技术有机地结合起来，能够建立出更加精致的模型。

Maya 动画篇

Animation

动画是将艺术带入生活的过程。时间和运动在这一点凝聚起来，使艺术表现出真实的生活。Maya 中的动画工具组为运动和时间提供了大量的控制支持。

Maya 提供大量的工具创建动画。除了基本的关键帧设定和运动编辑功能外，Maya 能够以各种方式制作动画，如：驱动关键帧动画、路径动画、变形器动画等。这些都会在本篇中讲到。

第 7 章　关键帧动画

7.1　关键帧、帧和中间帧

1．关键帧与帧

在过去的铅笔动画中，有一种称为“关键帧设定”的技术。这些关键姿势就是传统动画中的关键张，在 Maya 中就是关键帧。每个时间点上的姿势就是帧，如图 7-1 所示。

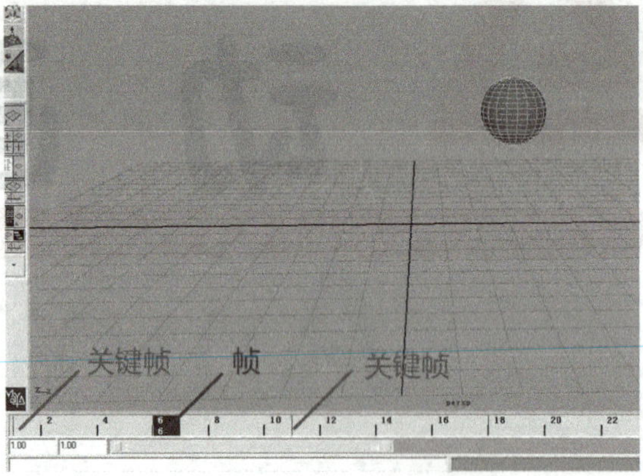

图 7-1　关键帧和帧的示例

2．中间帧

在传统的二维动画中，人们必须辛苦地绘制关键帧之间的过渡帧来表现运动，这些帧就称为中间帧。

7.2　设置关键帧

Maya 中有三种设置关键帧的方法：

1）选择需要设置关键帧的对象。执行 Animate → Set Key 命令对所选对象的通道盒中的所有属性设置关键帧，或者在通道栏中单击鼠标右键，在弹出的属性中选择 Key All，如图 7-2 所示。

2）单击鼠标左键选中你要设置的关键帧的属性，单击鼠标右键在弹出的菜单中选中 Key Selected，如图 7-3 所示。

3）单击 <Ctrl+A> 键打开 Attribute Editor，在所需要的属性上单击鼠标右键，并选择 Set Key。

注意：有关键帧的属性都会呈现橙红色

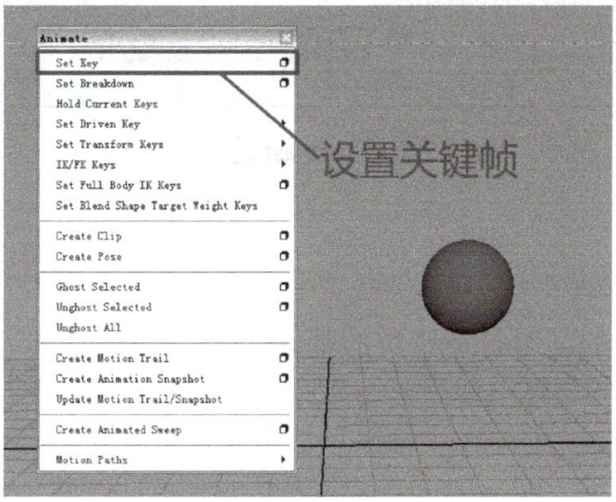

图 7-2　设置关键帧方法 1

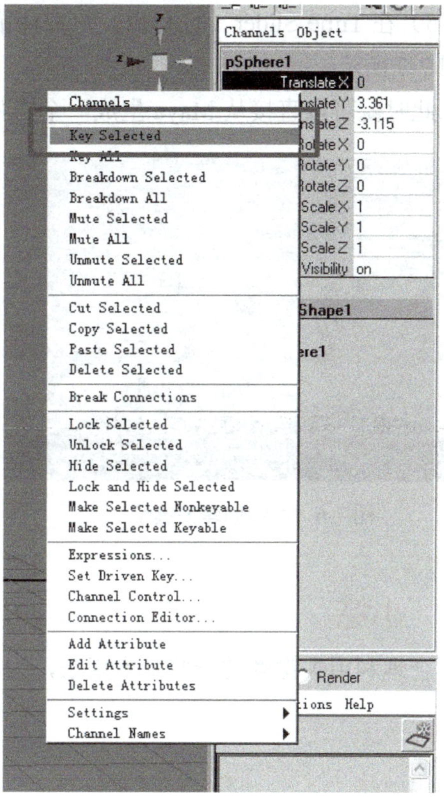

图 7-3　设置关键帧方法 2

↘ 实例：制作小球弹跳

1）选择 Animate → Set Key 命令，或按 <S> 键创建一个小球，再拖动时间线上的光标使其位于第 1 帧，此时的小球位置如图 7-4 中 frame1 所示。

2）继续执行 Set Key 命令，将时间线上的光标移至第 48 帧，再将小球移动到如图 7-4 中 frame48 所在的位置。

3）这时一个简单的小球移动的动画就形成了。将它们细化，分别移动光标并在第 12、24、36 帧处再次设置关键帧，如图 7-5 所示。

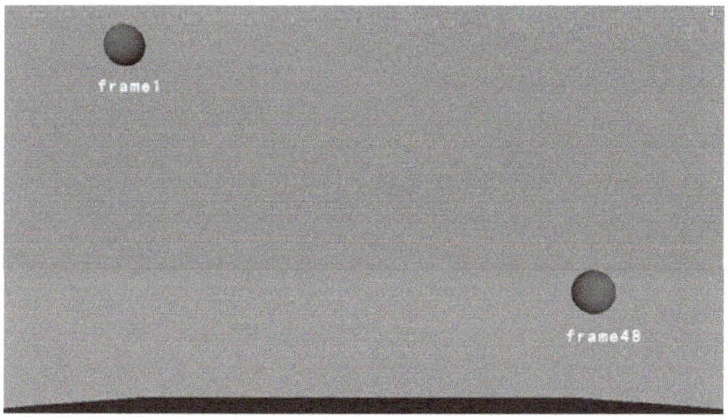

图 7-4　创建小球

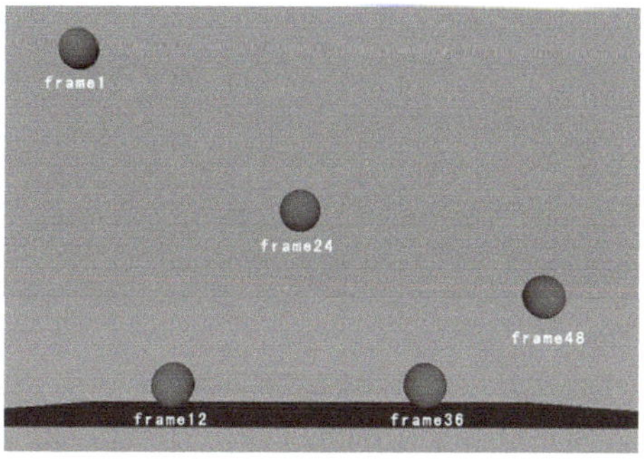

图 7-5　继续设置关键帧

4）然后再次在第 6、18、30、42 帧处设置关键帧，如图 7-6 所示。

5）在 Time Slider（时间线）上按住鼠标右键直至出现标记菜单，选择 Playblast 选项，如图 7-7 所示。

此时就可以直接从 Maya 生成一个影片文件来观察小球动画。

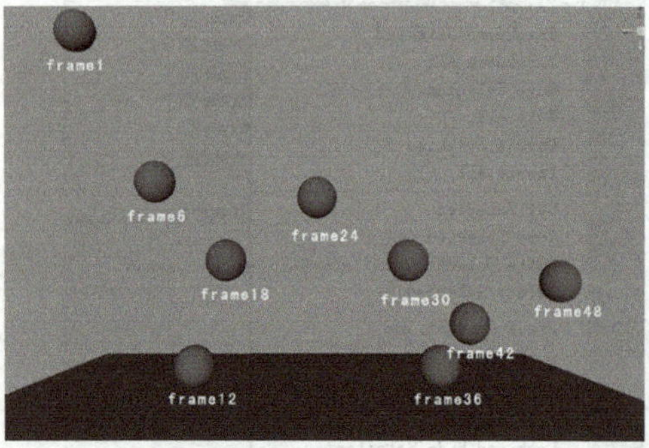

图 7-6　继续创建关键帧

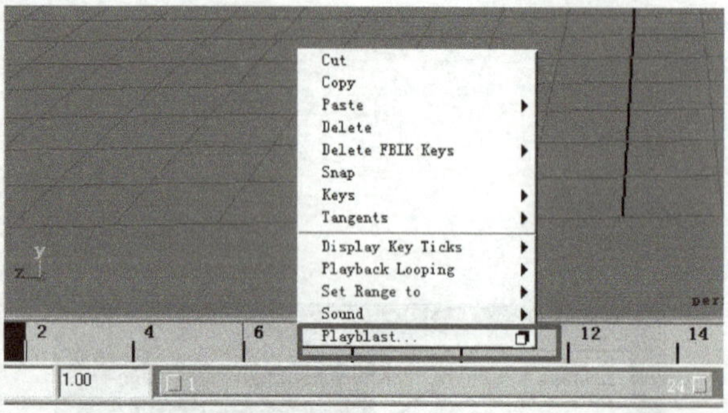

图 7-7　Playblast 选项

7.3　小结

合理利用关键帧的一些基本用法，为后面的学习打下坚实的基础。

第 8 章　驱动关键帧

驱动关键帧的概念、原理：设置驱动关键帧（Set Driven Key）的思想是用 A 物体的甲属性驱动 B 物体的乙属性，即改变 A 的属性，B 的属性随之改变，从而制作动画。

8.1　驱动物体与被驱动物体的关系及设置关键帧

1）驱动物体（Driver）：可用来装载驱动对象和属性。在如图 8-1 所示的视图中选择驱动，单击 Load Driver 按钮（载入驱动物体），即可载入驱动对象，在右半栏可选择驱动属性，如图 8-1 所示。

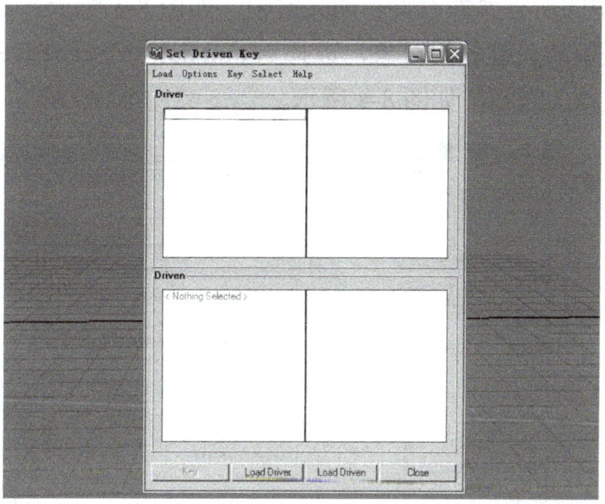

图 8-1　驱动物体

2）被驱动物体（Driven）：可用来装载被驱动对象和属性。在如图 8-1 所示的视图中选择驱动，单击 Load Driven 按钮（载入被驱动物体），即可载入驱动对象，在右半栏可选择驱动属性。

8.2　设置驱动关键帧

Key（设定关键帧）：选择驱动属性和被驱动属性，并设定驱动属性的值和被驱动属性的值，单击 Key 即可设定一个 Driven Key。为了制作动画，可以设定多个 Driven Key，如图 8-2 所示。

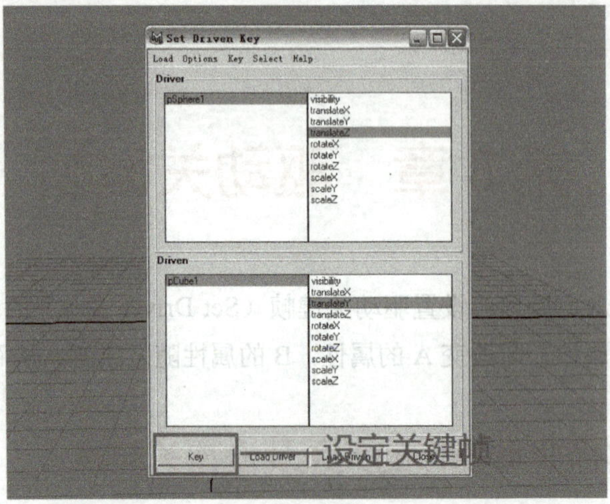

图 8-2　设定关键帧

Maya 中有两种设置驱动关键帧的方法。

1）选择需要设置驱动关键帧的对象，在通道栏中点选 Set Driver Key 并单击鼠标右键，对所选对象的通道盒中的所有属性设置驱动关键帧，如图 8-3 所示。

2）选择需要设置驱动关键帧的对象，选择 Animation → Set Driver Key → Set 选项，在 Set 属性面板中设置驱动关键帧，如图 8-4 所示。

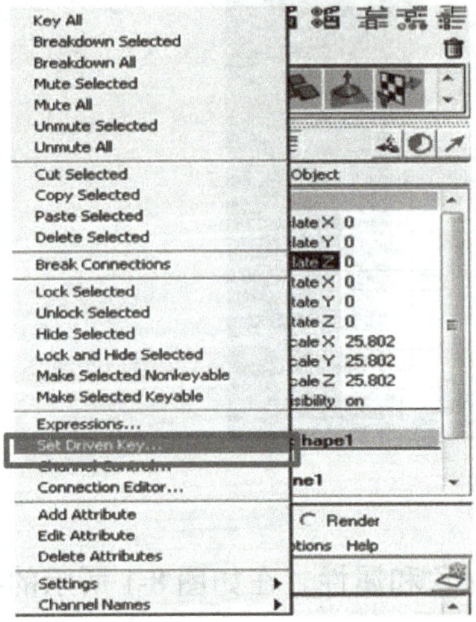

图 8-3　设置驱动关键帧方法 1

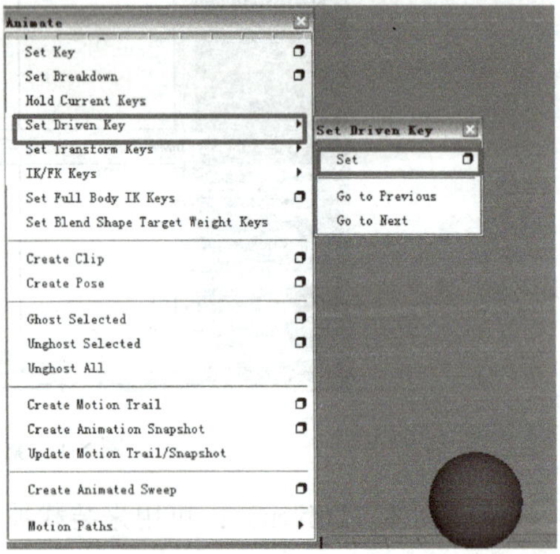

图 8-4　设置驱动关键帧方法 2

8.3　实例：制作感应门

1）创建模拟模型如图 8-5 所示。要实现这样一个动画：使小球向模拟门方向移动，当小球到门前时，门自动打开，小球穿过后，门自动关闭。下面使用 Driven Key（驱动关键帧）来实现，如图 8-5 所示。

2）选择 Animation → Set Driver Key → Set 选项，在 Set 属性面板中设置驱动关键帧，如图 8-6 所示。

图 8-5　创建模型

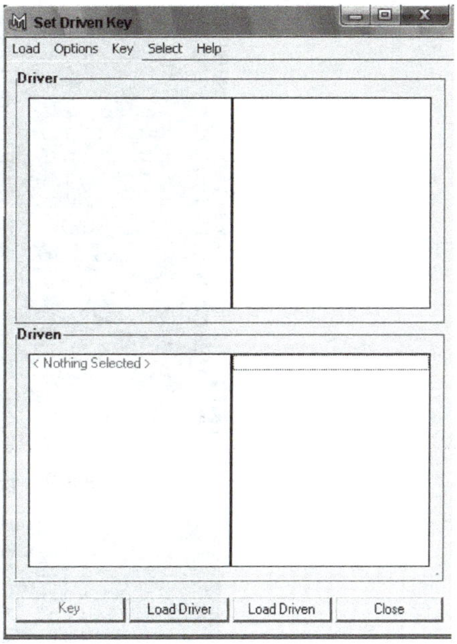

图 8-6　设置驱动关键帧

3）单击 Load Driver 按钮，在 Driver 视图中载入驱动物体小球。因为小球要沿着 X 轴移动手柄，所以选择 Translate X 为驱动属性，如图 8-7 所示。

4）单击 Load Driven 按钮在 Driven 视图窗中载入被驱动物体的两个门。因为在沿着 Z 轴移动小球手柄时，门要朝两边打开，所以选择 Translate Z 为被驱动属性，如图 8-8 所示。

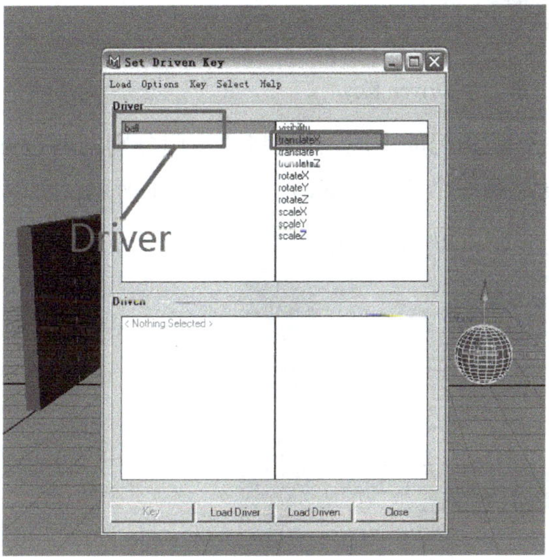

图 8-7　载入驱动物体小球

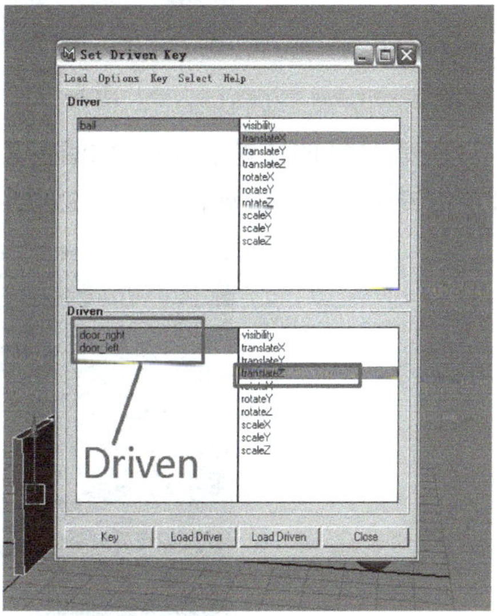

图 8-8　载入被驱动物体的两个门

5）现在驱动物体和被驱动物体都有了，下面需要设定 Driven Key 了。在第 1 帧的位置下，单击设定驱动关键帧窗口下的 Key，设定第一个 Driven Key，如图 8-9 所示。

6）在第 18 帧的位置上，将小球沿着 Z 轴移动到门的前方，此时单击设定驱动关键帧窗口下的 Key，设定第二个 Driven Key，如图 8-10 所示。

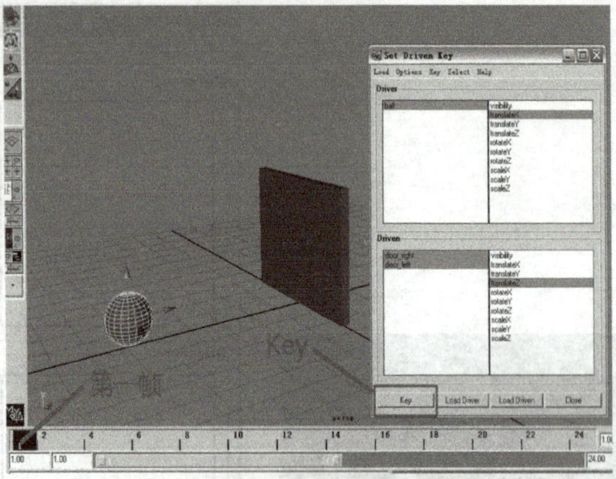

图 8-9　设定第一个 Driven Key

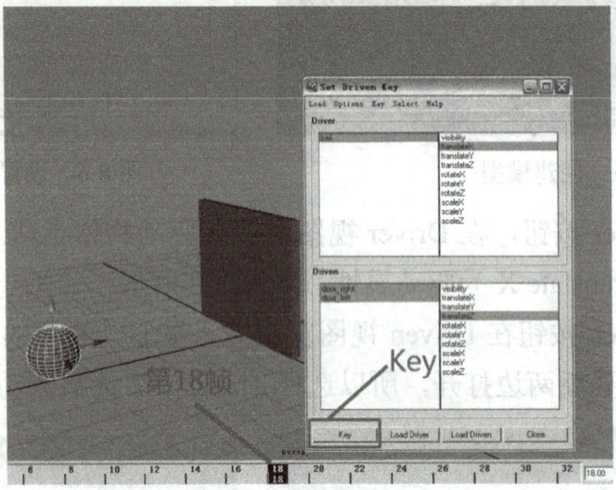

图 8-10　设定第二个 Driven Key

7）在第 24 帧的位置上，将小球沿着 Z 轴移动到门的中间，并且将两扇门分别向两边打开，此时单击设定驱动关键帧窗口下的 Key，设定第三个 Driven Key，如图 8-11 所示。

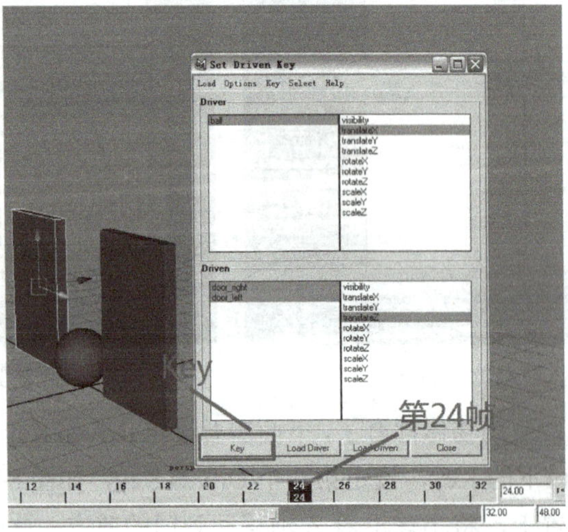

图 8-11　设定第三个 Driven Key

8）在第 32 帧的位置上，将小球沿着 Z 轴移动到门的后方，并且将两扇门进行关闭，此时单击设定驱动关键帧窗口下的 Key，设定第四个 Driven Key，如图 8-12 所示。

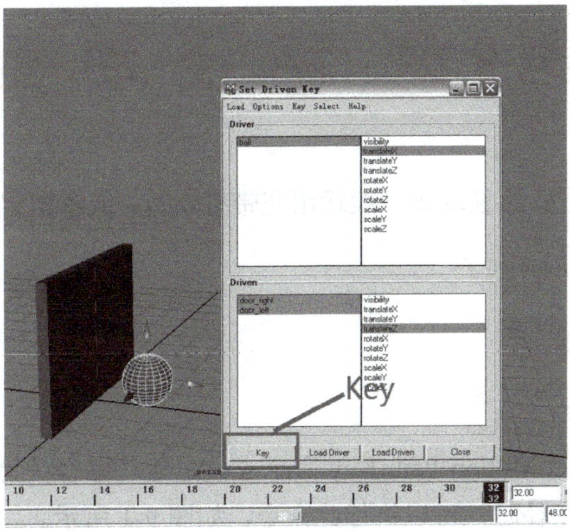

图 8-12　设定第四个 Driven Key

9）此时查看动画是否已经完成，移动小球感应门可以自动打开。如图 8-12 完成后才可关闭驱动关键帧窗口。

10）对小球设置动画，观察动画效果。

8.4　小结

本章通过对驱动关键帧的了解，为后面的骨骼绑定打下基础，驱动关键帧的应用其实很大程度上是为了更好地绑定骨骼。我们将在后面的课程中继续对驱动关键帧动画做进一步的讲解。

第 9 章 路 径 动 画

路径动画的使用范围：路径动画一般运用在带有轨道，或者指定轨迹的动画中，如火车，飞机等动画。

9.1 设置路径动画

设定路径动画有两种方法。

1）方法一：使用 Set Motion Path Key 命令（设定运动路径关键帧）。在需要设定路径动画，又不想事先创建路径时，可以执行此命令，如图 9-1 所示。

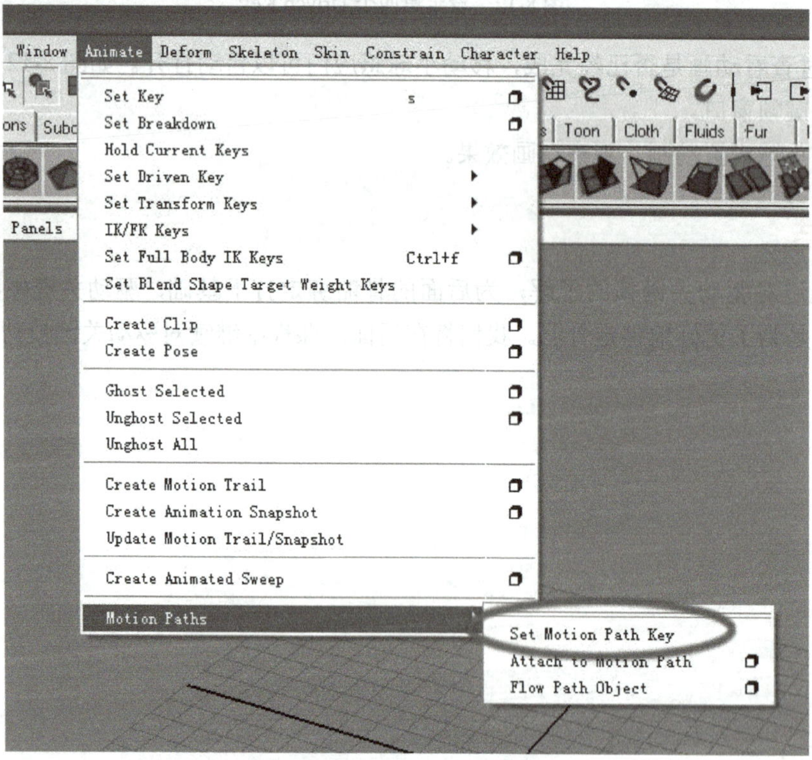

图 9-1 设定运动路径关键帧命令

示例（见图 9-2 ～图 9-5）：

使用 Set Motion Path Key 命令时（设定运动路径关键帧），Maya 会自动生成运动路径。

方法二：在通道盒中打开 Motion Path 中的 Input 选项，修改路径动画参数如图 9-6 所示。

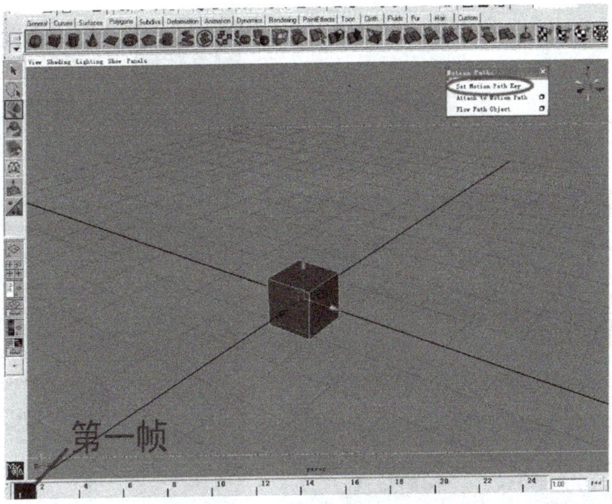

图 9-2　第一帧处设定关键帧

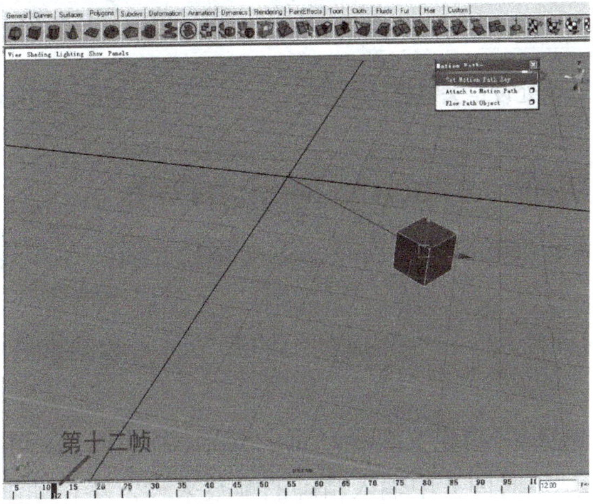

图 9-3　第十二帧处设定关键帧

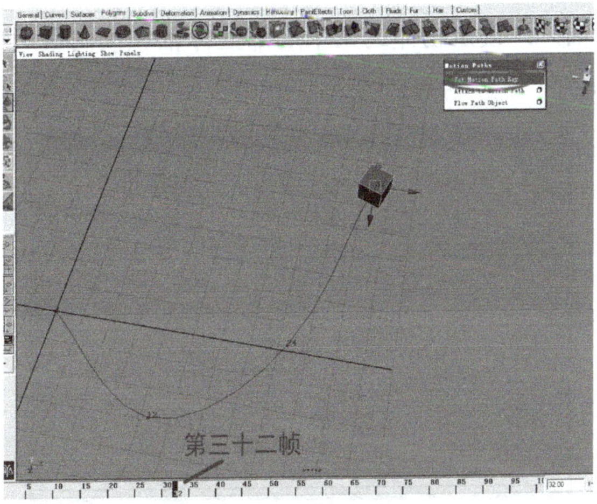

图 9-4　第三十二帧处设定关键帧

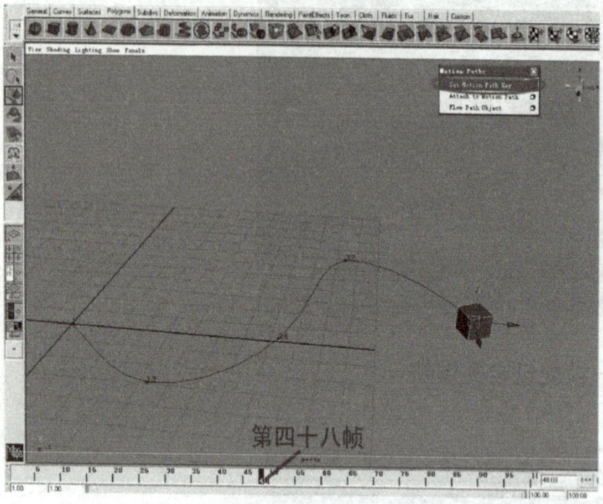

图 9-5　第四十八帧处设定关键帧

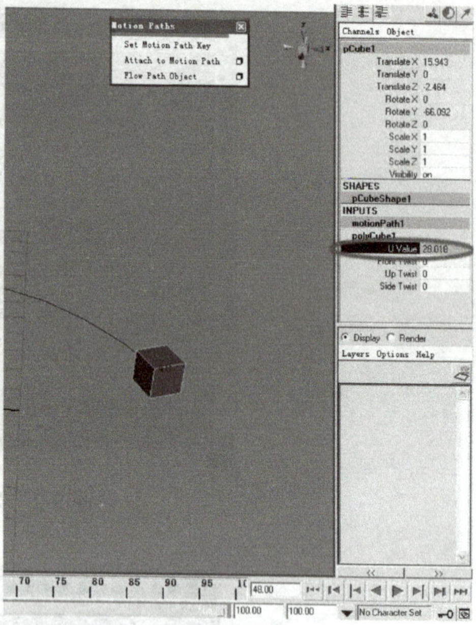

图 9-6　打开 Motion Path 命令

9.2　路径动画的属性：Attach to Motion Path

选择 Attach to Motion Path 命令（连接到运动路径）后，打开其 Options 选项框（见图 9-7），其中：

1）Time Slider（时间滑块）：使用时间上的开始时间和结束时间之间的范围作为路径动画时间范围。

Start（开始）/End（结束）：自定义路径动画的开始、结束时间，可在下面的 Start Time（开始时间）和 End Time（结束时间）中输入精确的帧数来设定路径动画的开始、结束时间。

2）Front Axis（前方轴）：设定物体的某个局部坐标轴和前向量对齐。可以选择 X/Y/Z 坐标为路径动画的前方向。

3）Up Axis（上方轴）：设定物体的某个局部坐标轴和顶向量对齐。可以选择 X/Y/Z 坐标为路径动画的上方向。

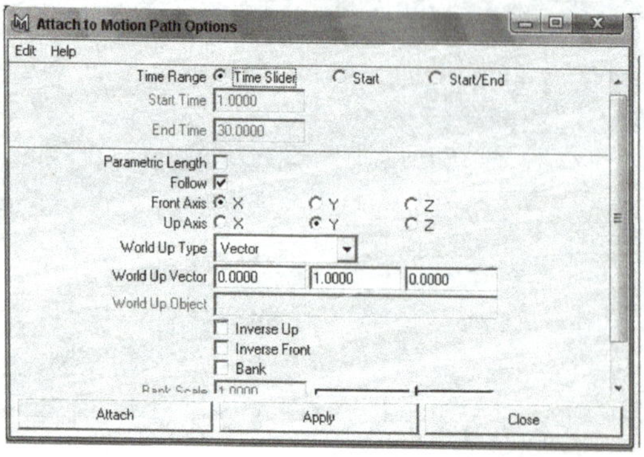

图 9-7　Attach to Motion Path Options 选项框

示例：

1）建立一条 NURBS 曲线（曲线可为立体空间曲线）和正方体。

2）先选择正方体，按 <Shift> 键，然后选择路径曲线，选择 Attach to Motion Path（连接到运动路径）命令，打开其 Options 选项框，如图 9-8 所示。

3）在选项框中点选 Start/End 单选按钮，在 End Time 框中输入 48 来作为设定路径动画的结束时间，如图 9-8 所示。

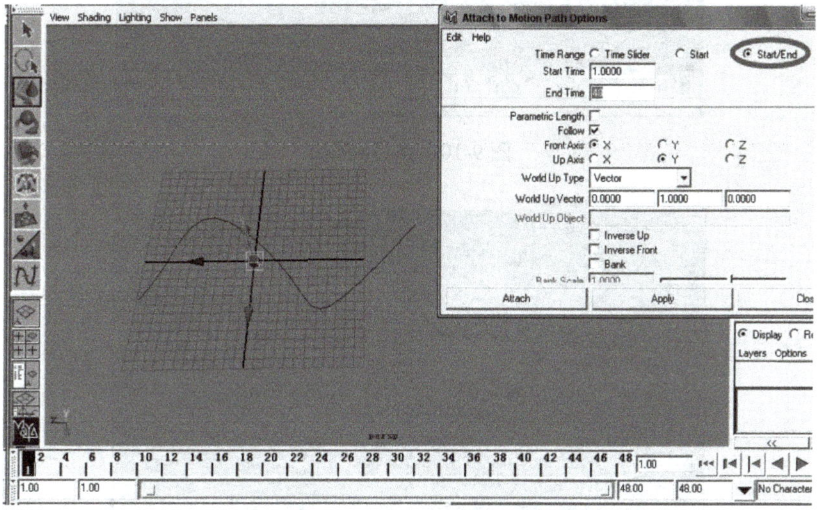

图 9-8 设定动画结束时间

4）根据模型的 Local Axis，其 Up Axis 轴即向上的轴是 Y 轴，通过观察路径，又可确定 Front Axis 即方轴是 Z，如图 9-9 所示。

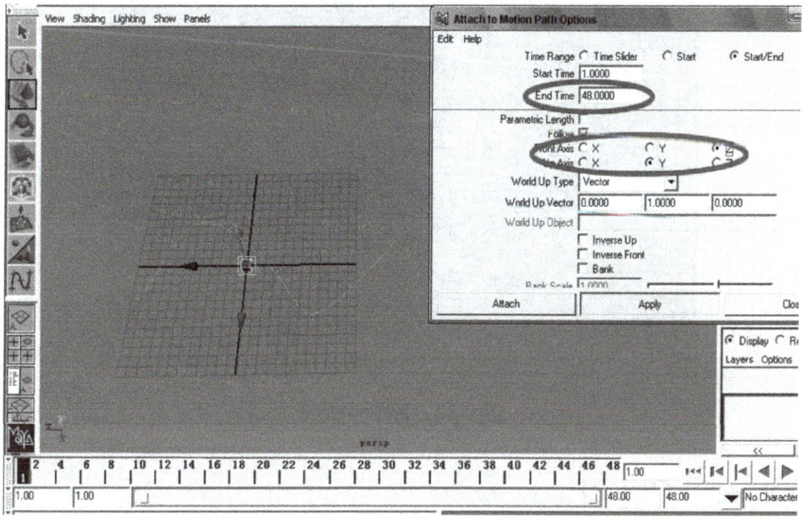

图 9-9 设定轴方向

5）单击 Apply 按钮，完成路径动画，如图 9-10 ～ 9-12 所示。

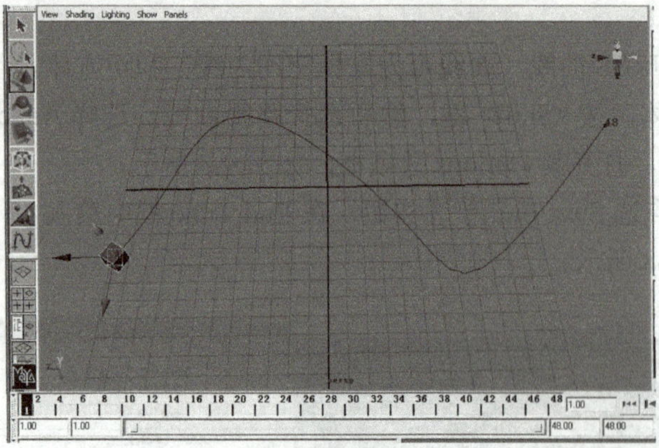

图 9-10　路径动画 1

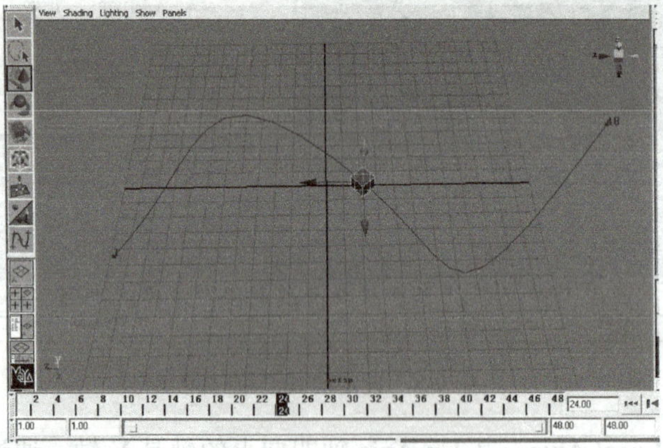

图 9-11　路径动画 2

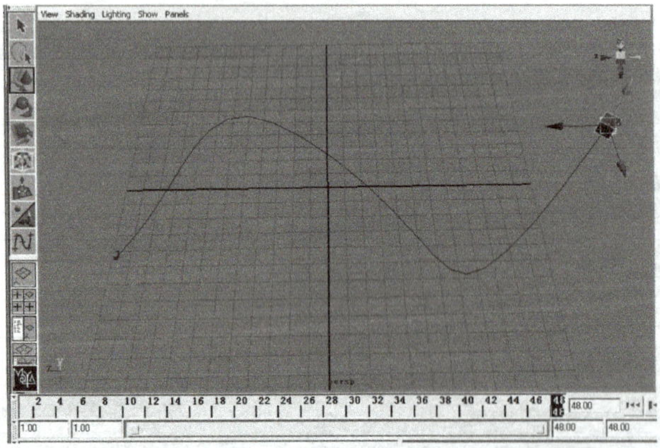

图 9-12　路径动画 3

9.3　Flower Path Object

Flower Path Object（物体跟随路径）的作用是：物体在沿路径运动时，使之随路径曲线形状改变从而创建一种比较真实的效果。Maya 会在路径动画物体上创建晶格或者在路径曲线上创建晶格，来实现跟随变形。

图 9-13 为物体跟随路径 Options 选项框。

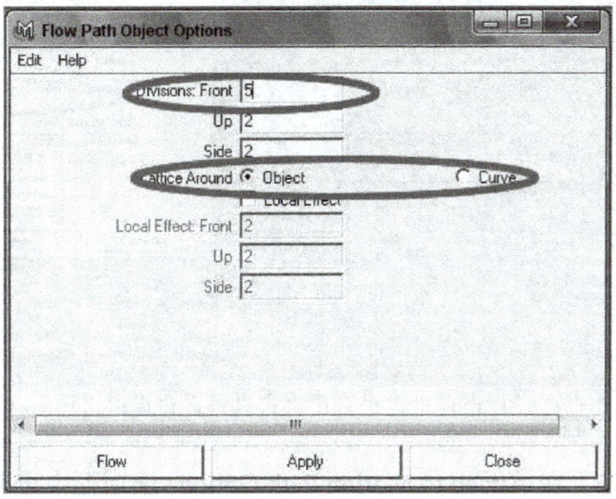

图 9-13

1）Divisions（细分）：设定细分晶格的数目。可以在 Front（向前）、Up（向上）、Side（侧面）三个选项栏中设定细分分段数。这里的参数值越大，物体的跟随变形效果越细腻，越贴合运动路径。

2）Lattice Around（晶格围绕方式）包括 Object 和 Curve。

①Object（物体）：围绕路径动画物体创建晶格。

②Curve（曲线）：围绕运动路径创建晶格。

实例：游动的海豚

1）建立一条立体空间曲线的 NURBS 曲线，如图 9-14 所示。

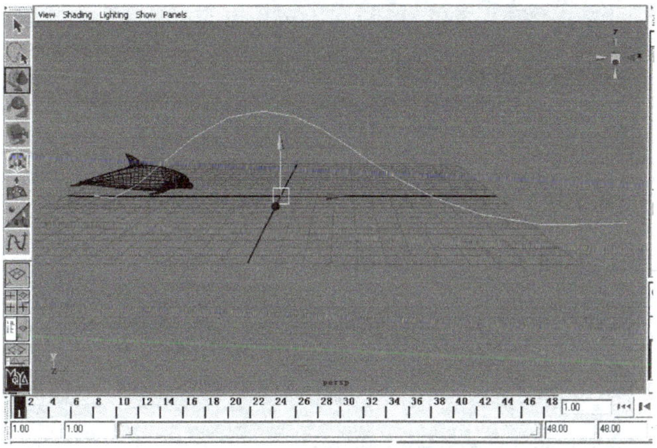

图 9-14 建立 NURBS 曲线

2）先选择海豚模型，按 <Shift> 键，然后选择画好的路径曲线，选择 Attach to Motion Path（连接到运动路径）命令，打开其 Options 选项框。

3）在选项框中点选 Start/End 单选按钮，在 End Time 中输入 48 作为设定路径动画的结束时间，如图 9-15 所示。

4）根据模型的 Local Axis，其 Up Axis 即向上的轴是 Y 轴，通过观察路径，又可确定 Front Axis 轴即前方轴是 X，如图 9-15 所示。

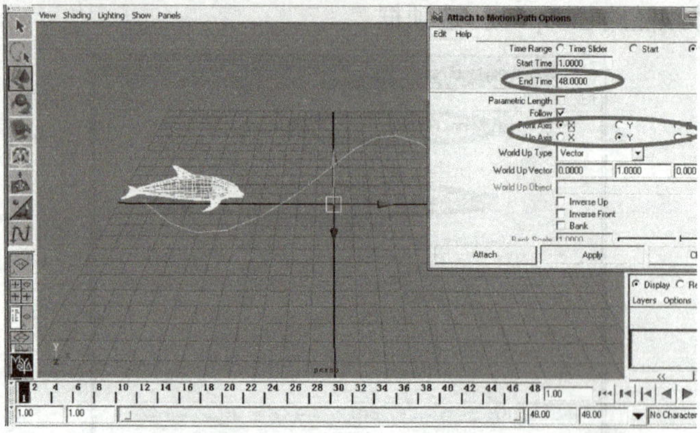

图 9-15　在 Attach to Motion Path Options 选项框中设置属性

5）确认模型处于选择状态，选择 Animate → Motion Path → Flower Path Object（物体跟随路径）命令，并打开其 Options 选项框，将 Front 值设为 20，可以使物体的变形更加光滑、细腻。在 Lattice Around（晶格围绕方式）中选择 Object（物体）。当然也可以尝试选择 Curve（曲线），如图 9-16 所示。

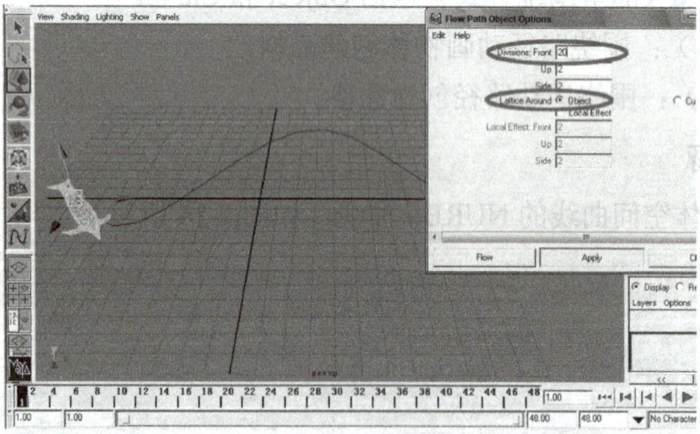

图 9-16　在 Flow Path Object Options 选项框中设置属性

6）完成路径动画，如图 9-17 ～ 9-20 所示。

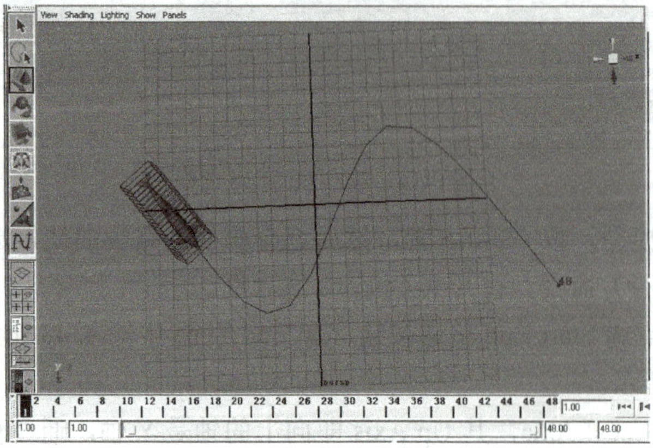

图 9-17　路径动画 1

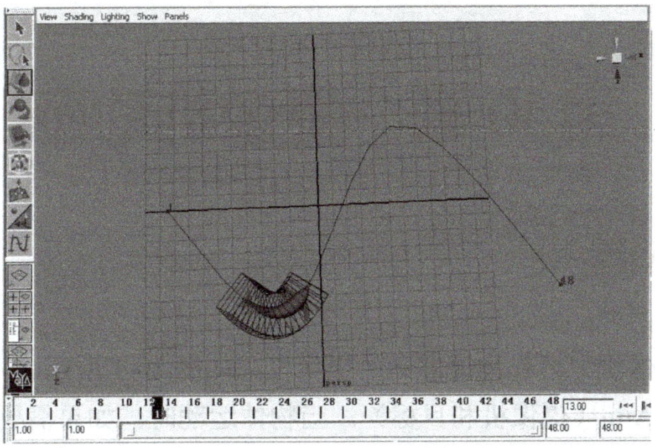

图 9-18　路径动画 2

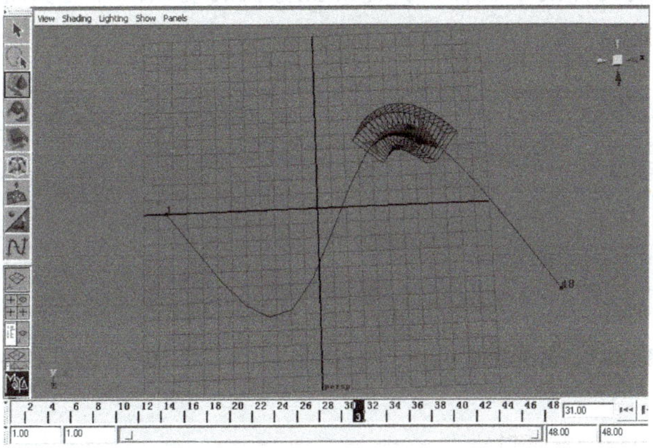

图 9-19　路径动画 3

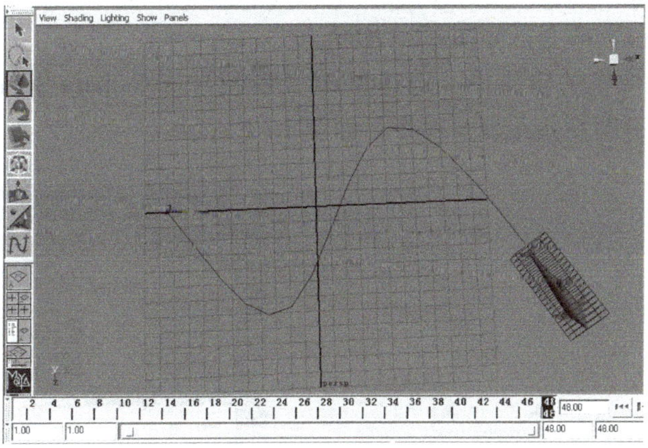

图 9-20　路径动画 4

9.4　小结

通过本章的学习，大家深入了解了路径动画在动画制作中的具体应用，初步认识了 Maya 动画的灵活性。

第 10 章　摄像机动画

10.1　摄像机的应用

常用的摄像机有两种：

1）Cameras（摄像机），作为最普通的摄像机，如图 10-1 所示。

2）Cameras and Aim（摄像机和目标）。当物体运动时，如果需要摄像机始终跟随该物体并瞄准该物体，可以执行 Cameras and Aim（摄像机和目标）命令创建带有目标的摄像机，然后将目标设置为运动物体的子物体，并添加摄像机的动画，即可实现摄像机始终跟随物体并瞄准物体，如图 10-2 所示。

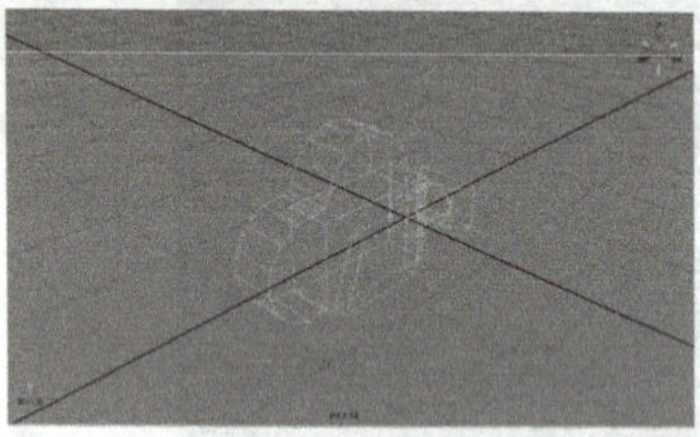

图 10-1　普通摄像机

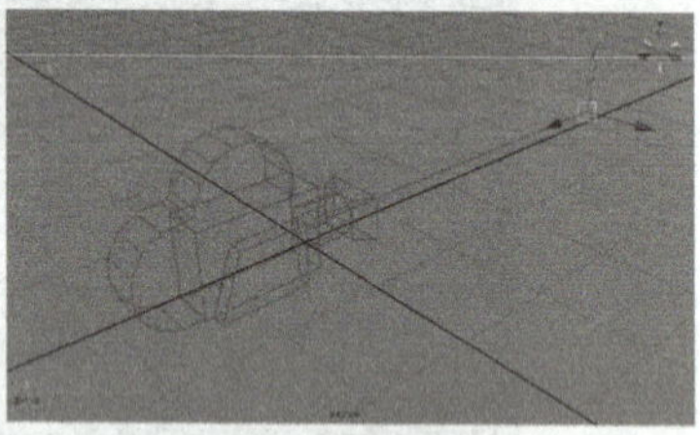

图 10-2　瞄准物体

10.2　普通摄像机的使用

1）如何进入摄像机视图：在面板菜单下选择 Panels（菜单）→ Perspective（透视图）→ Camera1（摄像机 1）命令，如图 10-3 所示。

2）如何打开摄像机的镜头框：选择 View（视图）→ Camera Settings（摄像机设置）→ Resolution Gate（分辨率指示器）命令，如图 10-4 所示。

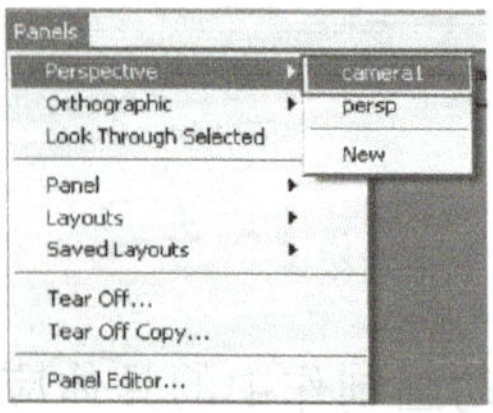

图 10-3　普通摄像机视图

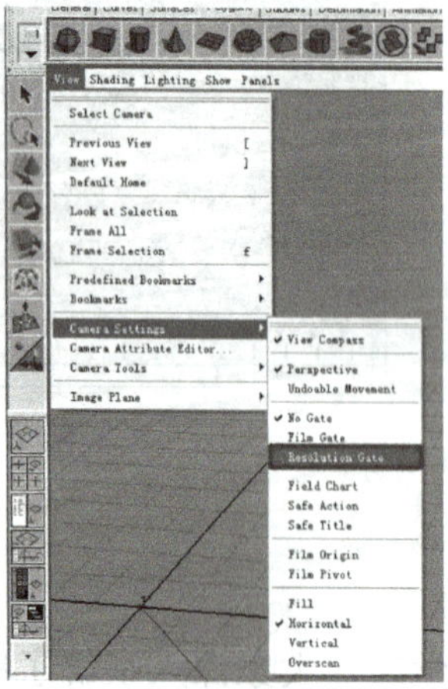

图 10-4　打开摄像机的镜头框

3）Cameras Tool（摄像机工具），如图 10-5 所示。

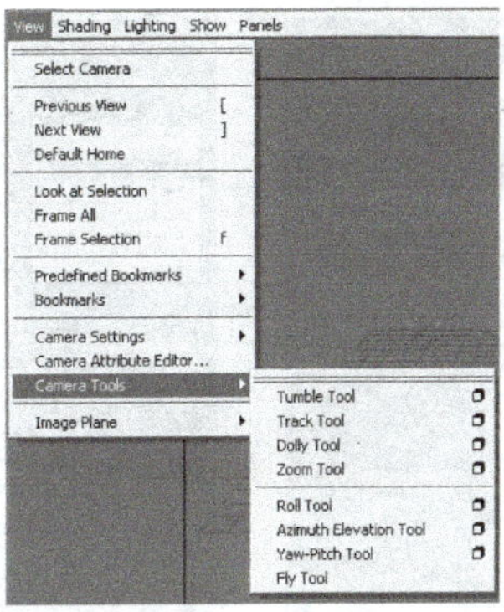

图 10-5　摄像机工具

4）使用 Tumble Tool（翻转工具）可在透视图中翻转摄像机，以调整视图角度，如图 10-6 ～ 10-7 所示。

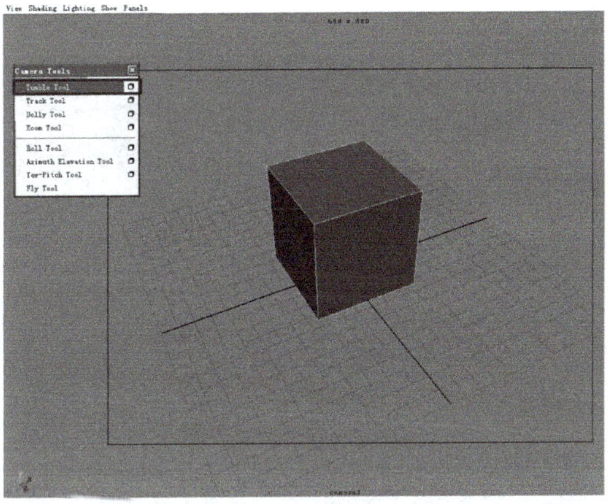

图 10-6　调整视图角度 1

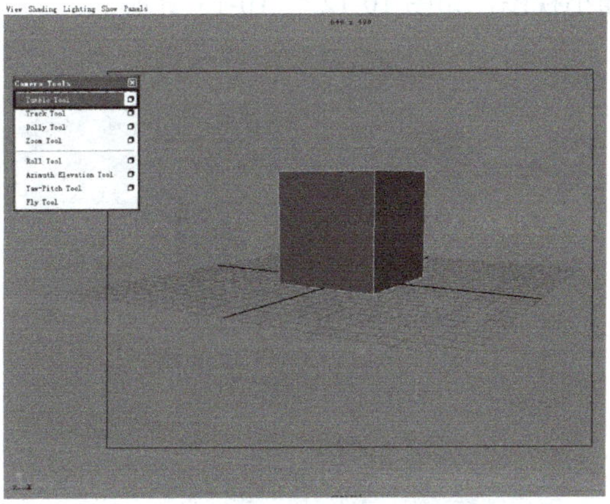

图 10-7　调整视图角度 2

5）使用 Track Tool（移动工具）可通过移动摄像机来滑动视图，如图 10-8 ～ 10-9 所示。

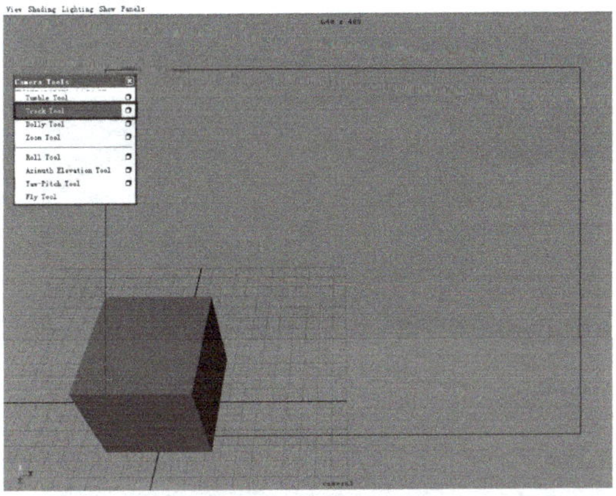

图 10-8　滑动视图 1

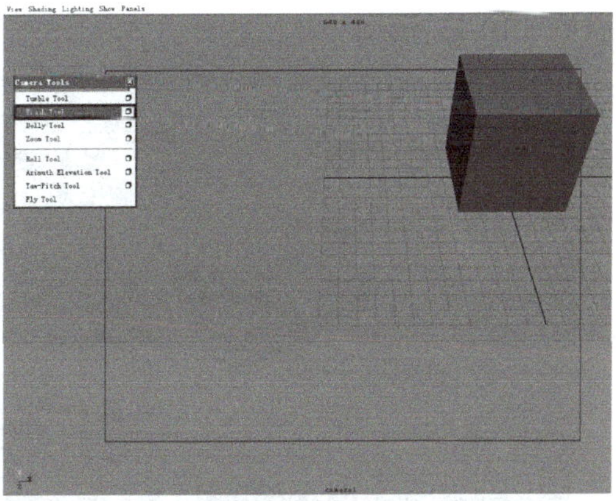

图 10-9　滑动视图 2

6）使用 Dolly Tool（推移工具）可通过推近或者拉远摄像机，来改变视图大小，从而查看场景的细节或者全貌，如图 10-10 ～ 10-11 所示。

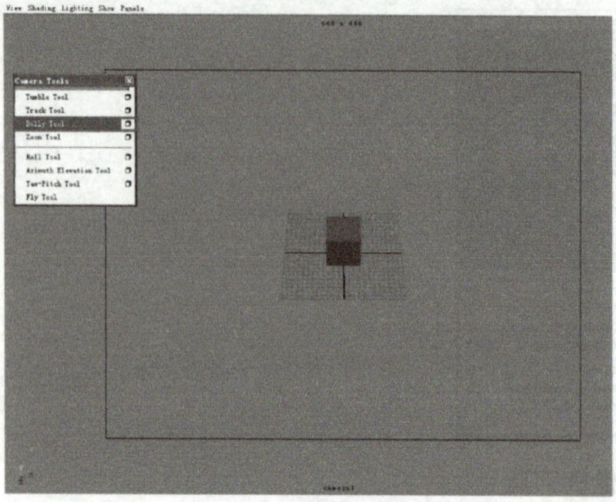

图 10-10　推移视图 1

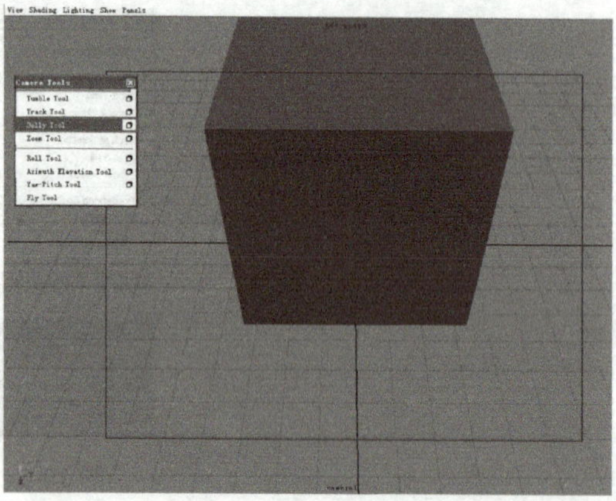

图 10-11　推移视图 2

7）使用 Zoom Tool（缩放工具）可使摄像机位置不变，通过调整摄像机的焦距来放大、缩小视图，如图 10-12 ～ 10-13 所示。

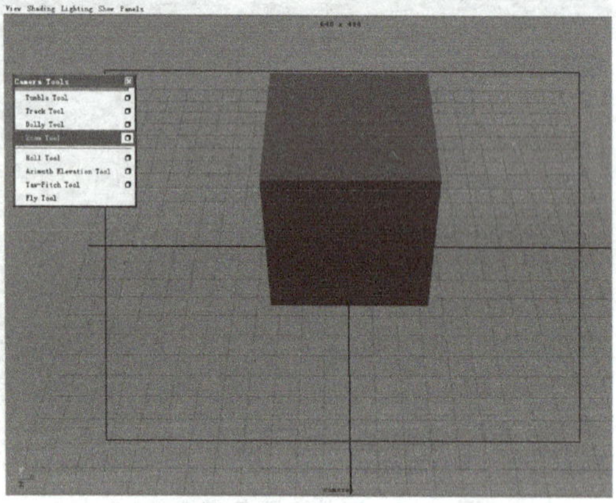

图 10-12　放大视图

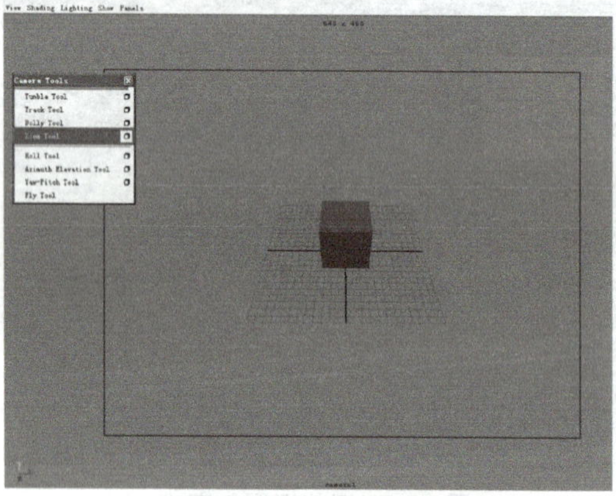

图 10-13　缩小视图

8）使用 Roll Tool（滚动工具）可围绕视图的水平轴顺时针或者逆时针选择视图，如图 10-14 ～ 10-15 所示。

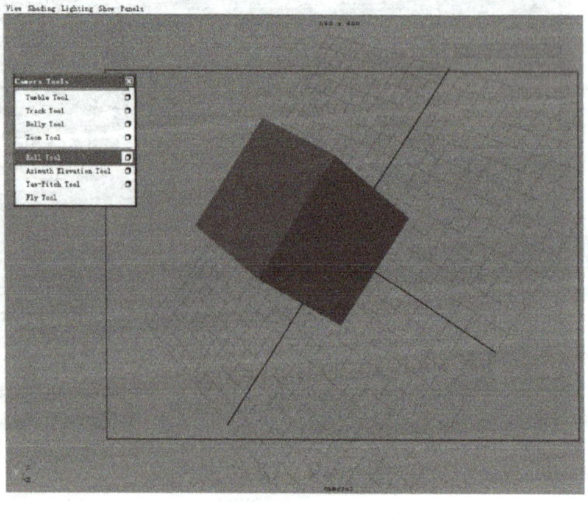

图 10-14　逆时针选择视图

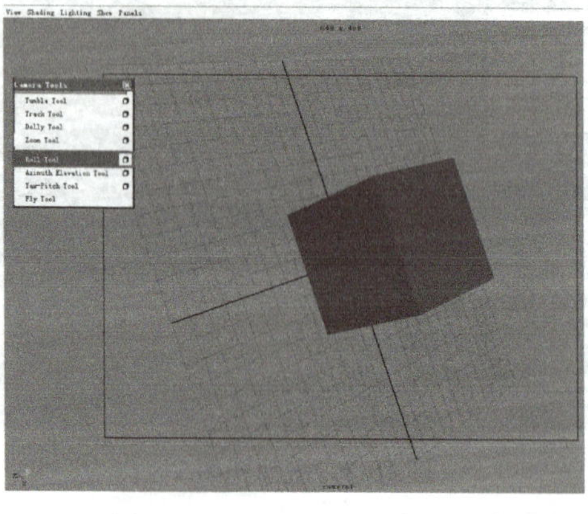

图 10-15　顺时针选择视图

9）使用 Azimuth Elevation Tool（方位角、仰角工具）可以摄像机的兴趣点为中心旋转摄像机，从而调整摄像机的方位角（Azimuth）、仰角（Elevation）。仰角是摄像机视线与视图水平面所成的角度，而方位角是摄像机视线与视图平面的垂直面所成的角度，如图 10-16 ～ 10-17 所示。

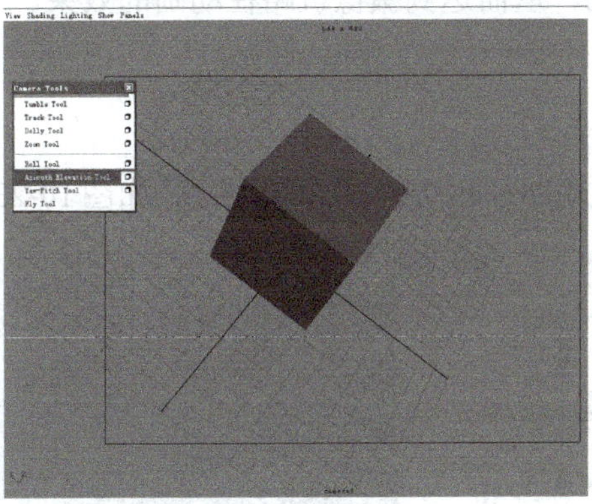
图 10-16　摄像机仰角

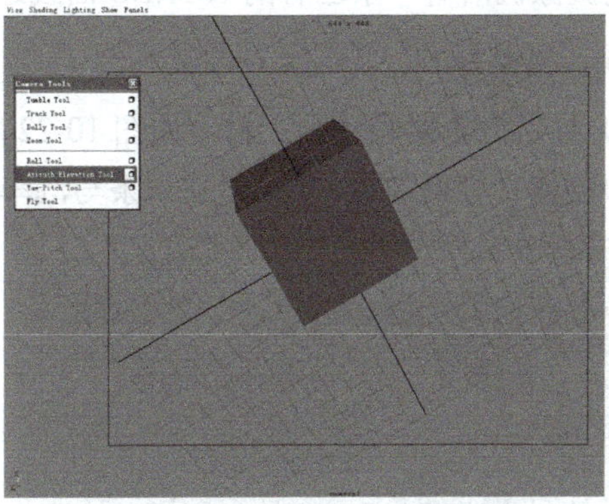
图 10-17　摄像机方位角

10）使用 Yaw-Pitch Tool （偏移工具）可以摄像机自身为中心旋转摄像机，完成偏离（Yaw）或倾斜（Pitch）。偏离（Yaw）即左右旋转摄像机，倾斜（Pitch）即上下旋转摄像机，如图 10-18 ～ 10-19 所示。

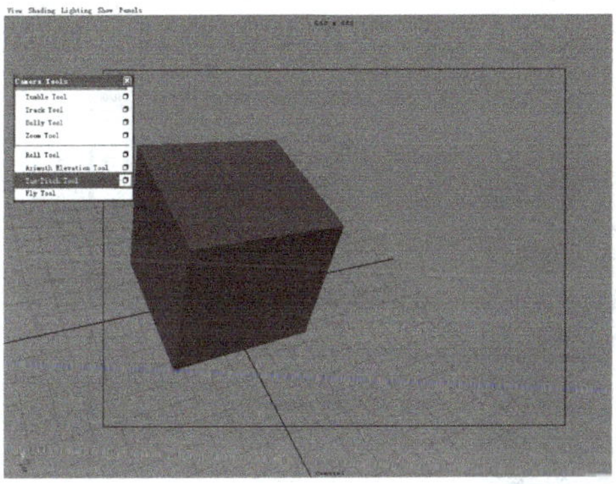
图 10-18　偏移摄像机

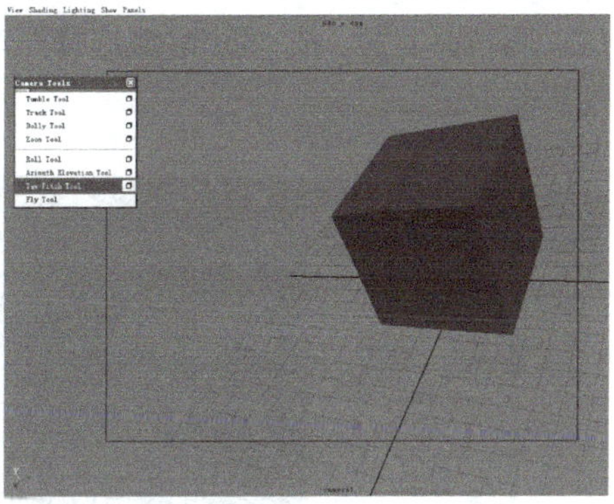
图 10-19　倾斜摄像机

11）使用 Fly Tool（飞行工具）可以毫无阻挡地穿越场景，如图 10-20 ～ 10-21 所示。

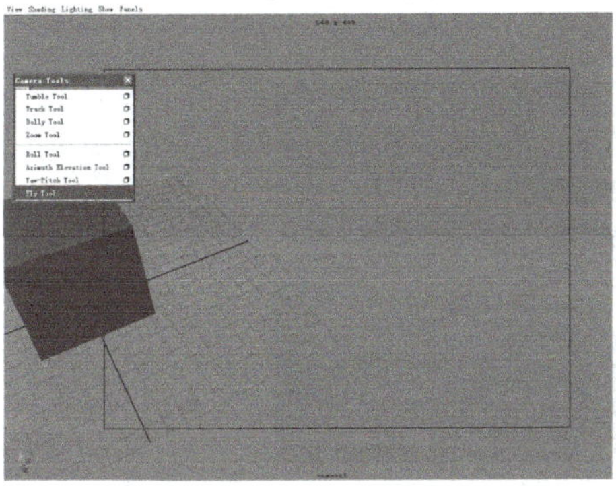
图 10-20　使用飞行工具穿越场景 1

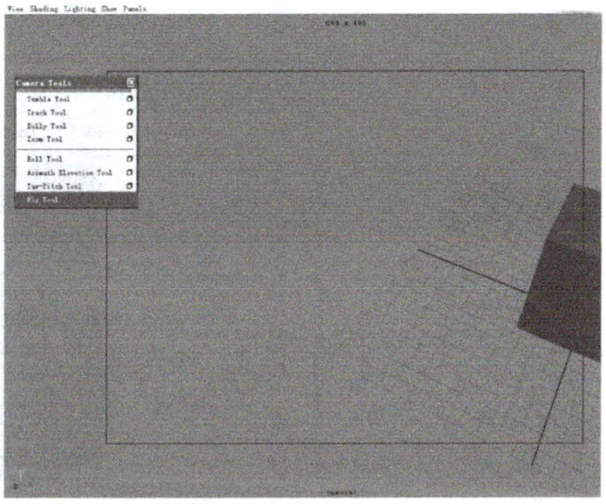
图 10-21　使用飞行工具穿越场景 2

10.3 摄像机与路径动画

摄像机作为一个特定的载体同样可以沿着一条 NURBS 曲线进行路径运动。选定摄像机，然后按住 <Shift> 键选择路径曲线，选择 Attach to Motion Path（连接到运动路径）命令，就可以使摄像机沿着一条已有的 NURBS 曲线运动，从而达到摄像机路径动画的效果。

实例：汽车动画

1）导入汽车路径动画素材，如图 10-22 所示。

2）创建目标摄像机，并且建立一条与汽车运动路径相仿的NURBS 曲线，如图 10-23 所示。

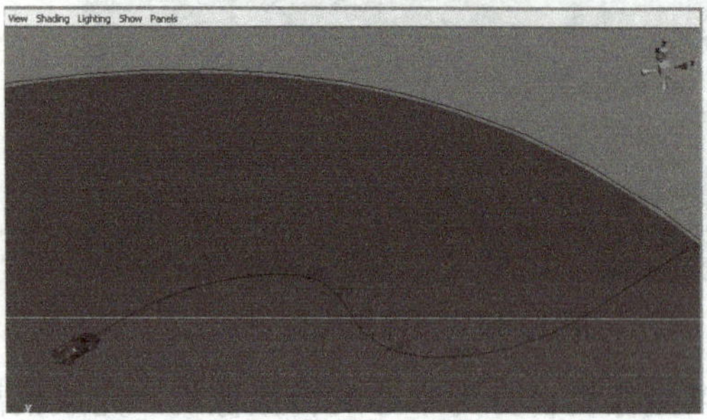

图 10-22　导入汽车路径动画素材

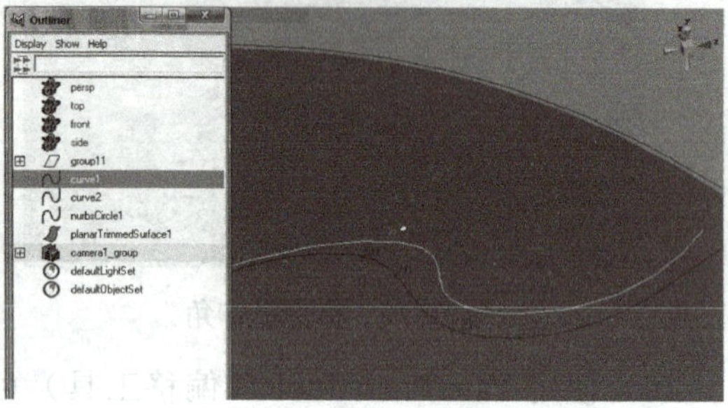

图 10-23　建立 NURBS 曲线

3）打开大纲视图，选择目标摄像机进行打组，并且选择 Center Pivot 命令将坐标移到物体中心，再选择目标，按<Shift>键选择汽车连接父子关系，即 P，如图 10-24 ~ 10-26 所示。

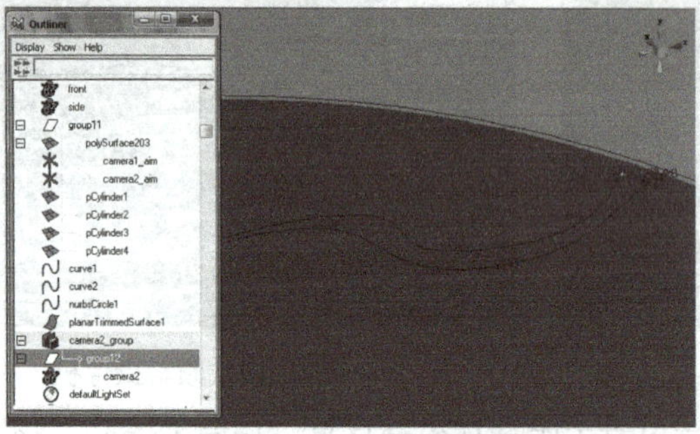

图 10-24　连接目标摄像机机型打组

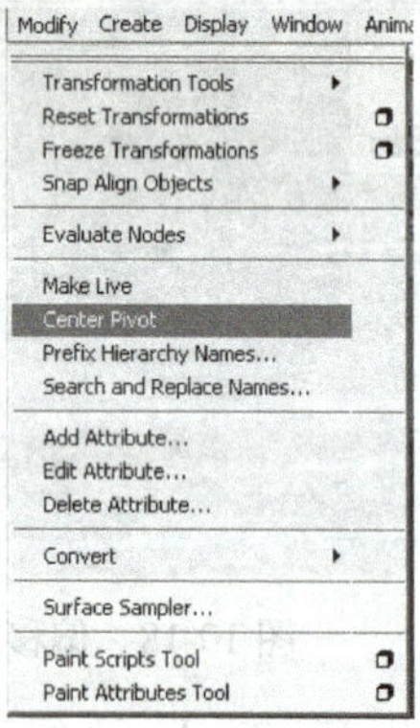

图 10-25　选择 Center Pivot 命令

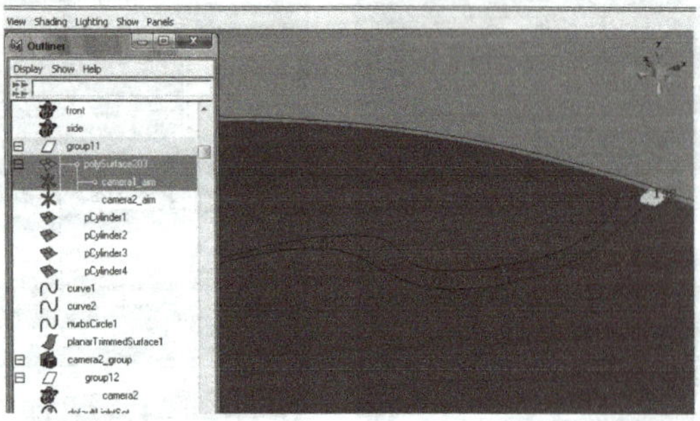

图 10-26　选择汽车连接父子关系

4）选择打组的目标摄像机，按 <Shift> 键，然后选择画好的路径曲线，选择 Attach to Motion Path（连接到运动路径）命令，打开其 Options（选项框），点选 Start/End 单选按钮，在 End Time 框中输入 200 作为设定路径动画的结束时间，如图 10-27 所示。

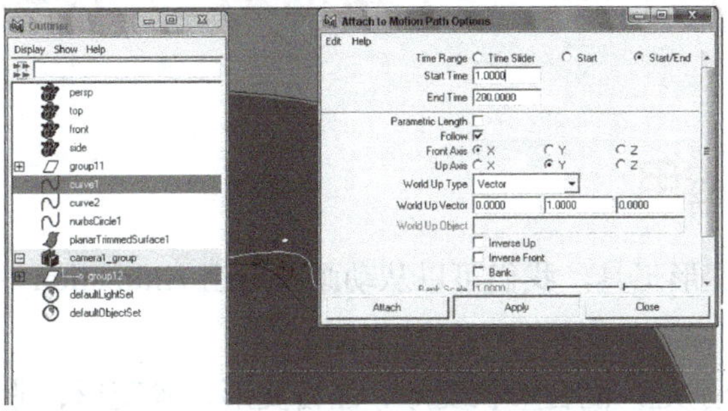

图 10-27　在 Attach to Motion Path Options 选项框中设置属性

5）完成动画，效果如图 10-28 ～ 10-31 所示。

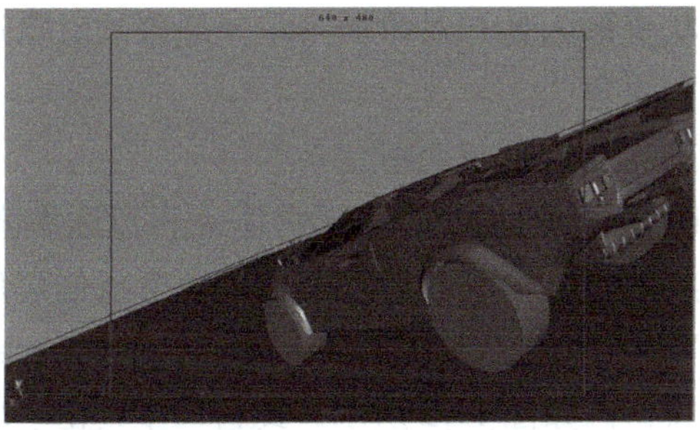

图 10-28　动画路径 1

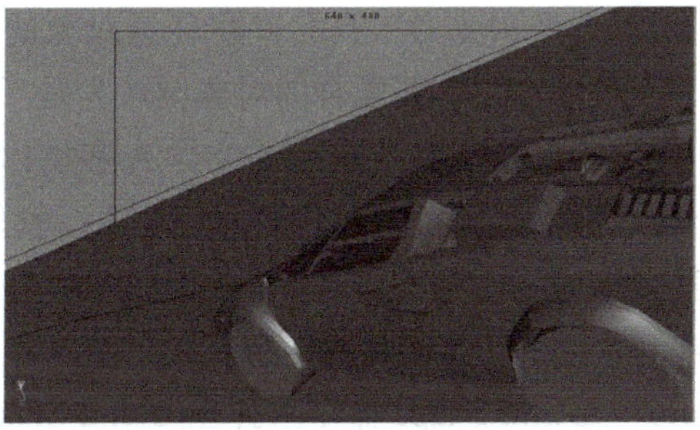

图 10-29　动画路径 2

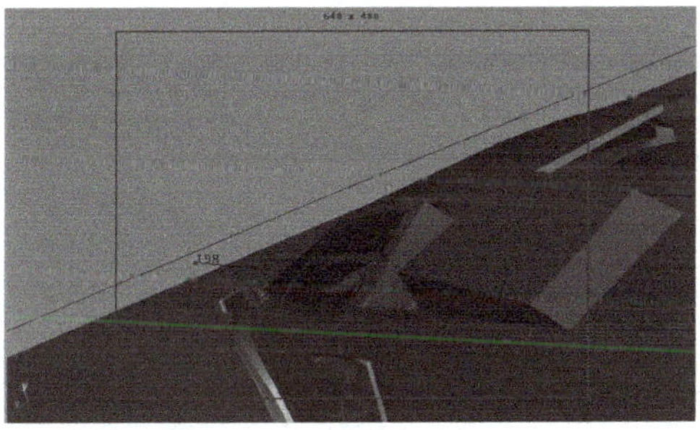

图 10-30　动画路径 3

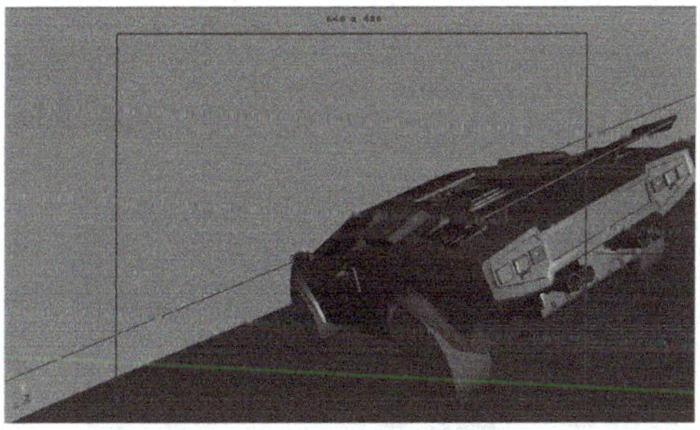

图 10-31　动画路径 4

10.4　小结

关键帧的设定是动画制作的一个重要部分，并且如同其他工作一样，越多地使用该特性，越能更好地创造真实的动画。

在第 11 章将会介绍 Maya 中的很多变形工具，并且用它们来制作动画，比如晶格变形动画。

第 11 章　生动的栏目包装

11.1　变形工具的应用

Maya 提供了 8 种变形工具，我们可以从动画菜单组 Animation 中的 Deform 菜单中来进行创建。

这 8 种变形工具分别是：混合形状变形、晶格变形、簇变形、非线性变形、造型变形、摇晃变形、线变形、包裹变形。

1. 混合形状变形

用混合形状变形工具允许将任意对象的形状变形为另一对象的形状。原来的对象认为是“基础对象”，而要混合的对象则认为是“目标对象”。

例如，将如图 11-1 所示的物体 A 和物体 B 进行混合形状变形。

在本例中，将物体 A 作为目标对象，物体 B 作为基础对象。点选物体 A 再点选物体 B，同时选择 Deform → Create Blend Shape 命令对其创建一个混合形状节点，当节点创建后，Maya 就会为所选择的目标对象指定一个权重（Weight）。此时，选择 Windows → Animation Editors → Blend Shape 命令，弹出 Blend Shape 窗口，如图 11-2 所示。此窗口中列出了场景中包含的全部混合节点。对于本例来讲，只有一个混合节点。我们可以通过 Blend Shape 窗口中的滑块并通过 Key 按钮来设置关键帧。

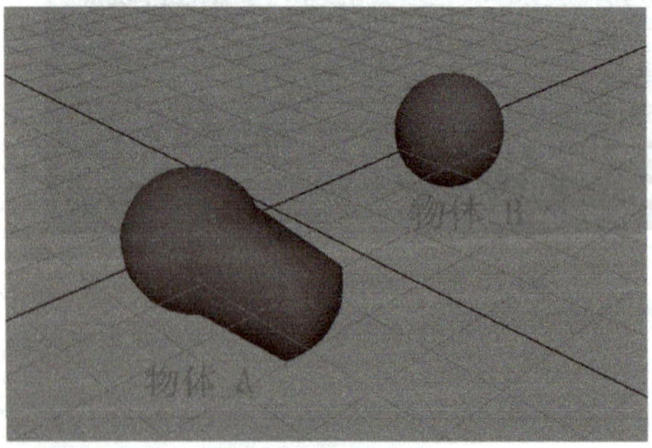

图 11-1

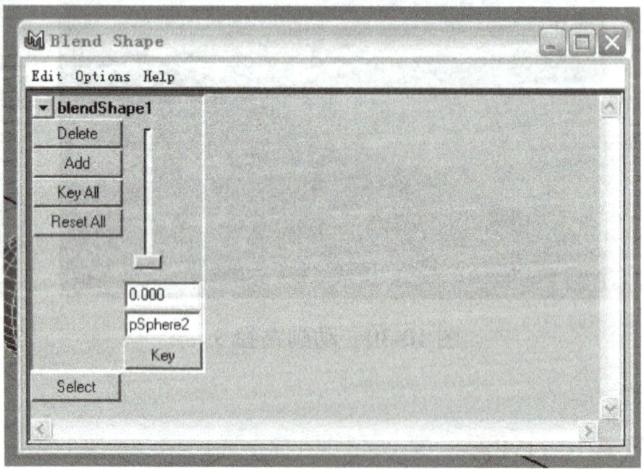

图 11-2

在操作中，可以选择 Deform → Edit Blend Shape → Add 命令向混合形状添加其他目标对象；而选择 Deform → Edit Blend Shape → Remove 命令可移除一个目标对象。

混合形状变形在动画中一般是用来做角色动画的。

注意：在创建混合形状变形时一定要注意目标对象与基础对象的选择顺序。

2. 晶格变形

晶格变形可以通过控制笼来变形对象，此特性除了做动画外，还可以用于模型的塑造。

例如，我们在做一个机器人的胸甲时（见图 11-3），由于胸甲处的结构复杂性，无法通过用简单的调线、调点来完成铠甲形状，这时就可以采用动画中的晶格变形来做模型效果。点选胸甲模型，选择 Deform → Create Lattice 命令，在 Division 中修改所创建晶格的 S、T、U 的段数，本例中将其设为 5、5、2（见图 11-4），选中其中的控制点，这样就能很容易地达到我们所要的一个模型效果了。

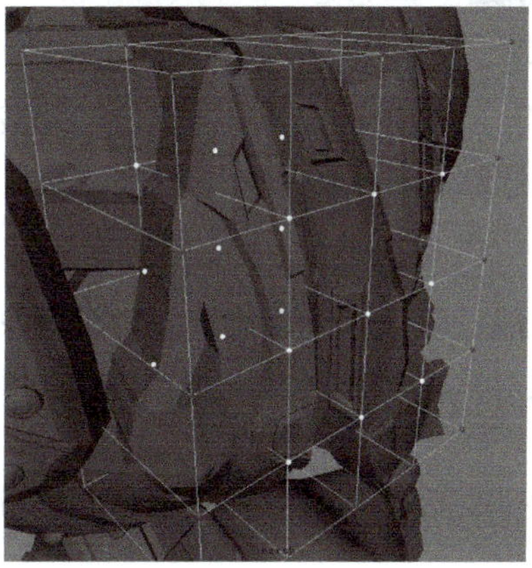

图 11-3　胸甲模型

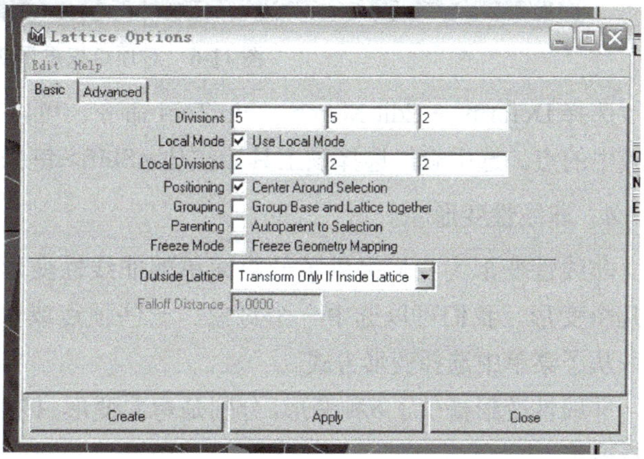

图 11-4　在 Lattice Options 选项框中设置属性

注意：在完成塑形后要通过删除历史记录来去掉晶格，不可以直接删除晶格。

3. 簇变形

簇允许创建一组带权重的顶点，当簇在变换时，受影响的对象上的顶点会根据其权重属性进行跟随。簇可单独使用，也可与其他变形协同使用。一般我们常用簇来模仿各种面部表情，同时它也是个不错的建模工具。

要创建簇点，可以选中一组顶点并选择 Deform → Create Cluster 命令。这时会出现一个 C 的小图标，如图 11-5 所示，此时我们就可以通过一些工具来编辑该簇了。

图 11-5　创建簇点

同时我们还可以使用 Paint Cluster Weights 这个工具来对这些顶点进行一些权重的重新划分，如图 11-6 所示。

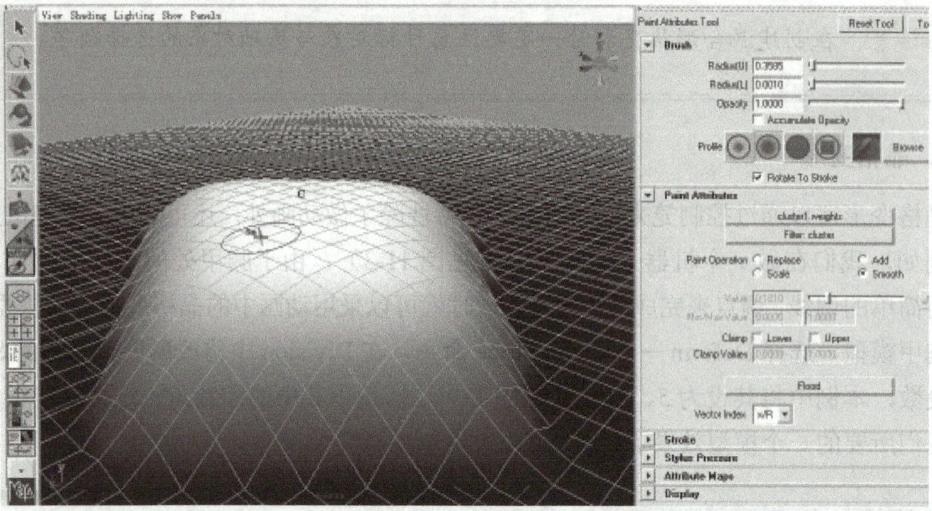

图 11-6　对顶点权重重新划分

选择 Deform → Edit Membership Tool 命令，可以使用 Edit Membership 工具来添加或移除簇中的点。选中簇，选择该工具后按住 <Shift> 键来向簇添加点或按 <Ctrl> 键来移除点。

4. 非线性变形

非线性变形为我们提供了一组简单的非线性变形功能，用于对一个对象或一组对象使用几个变形。我们可以选中一个对象、一些顶点或一组对象，然后选择 Deform → Nonline 命令从子菜单中选择变形方式。

非线性变形提供了 6 种变形，分别是弯曲变形、扩张变形、正弦变形、挤压变形、扭曲变形、波形变形。

1）弯曲变形 Bend，创建弯曲变形时，Maya 默认该变形从对象的中心轴沿 Y 轴进行弯曲，可以利用 Rotate 工具来旋转。弯曲的数量通过 Curvature 属性控制。我们可以利用其来制作卷轴动画，如图 11-7 所示。

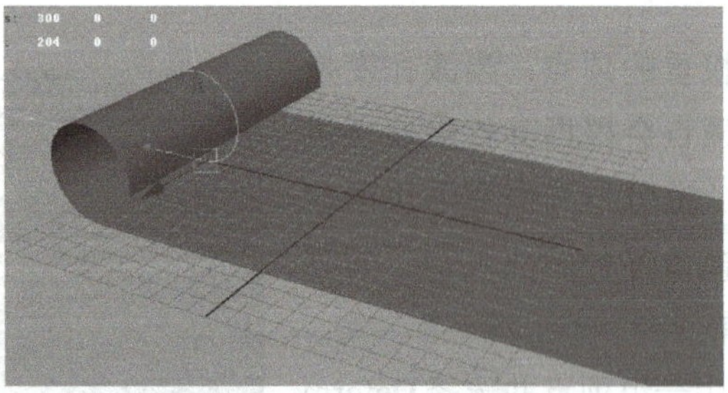

图 11-7　弯曲变形

2）扩张变形 Flare，允许收窄或加宽变形对象的两端（见图 11-8）。扩张变形可以通过其属性设置分别对起始和结束扩张。对变形两端进行缩放，使用 Show Manipulator 工具并拖动出现在操作器两端圆圈上的蓝点，可以交互地控制这两个属性。

3）正弦变形 Sine，使用一个正弦函数来创建一个起伏的变形。如同大部分函数一样，使用各个属性来控制正弦波的振幅、波长、偏移，如图 11-9 所示。

图 11-8　扩张变形

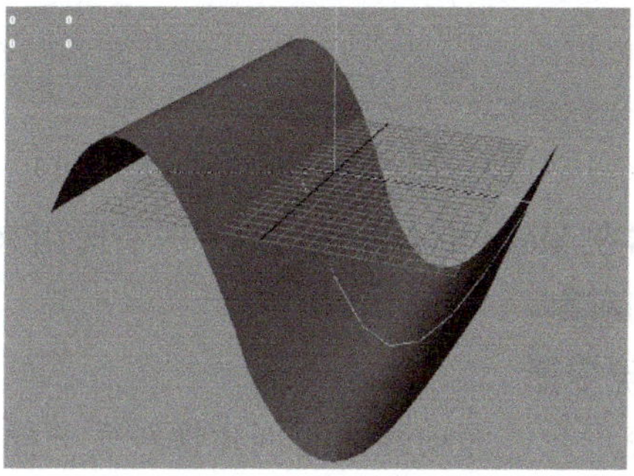

图 11-9　正弦变形

4）挤压变形 Squash，挤压或拉伸一个对象。与 Scale 工具不同的是，挤压变形可以按照 Factor 属性来保持一个对象的体积不变，如图 11-10 所示。

5）扭曲变形 Twist，对被使用的对象引入一个扭曲（见图 11-11）。有两个属性控制扭曲的效果：Start Angle 和 End Angle。

6）波形变形 Wave，在曲面上模拟一个波纹效果，犹如石头扔进水中所形成的涟漪，如图 11-12 所示。这个变形与正弦变形类似，并有相似的属性。

图 11-10　挤压变形

图 11-11　扭曲变形

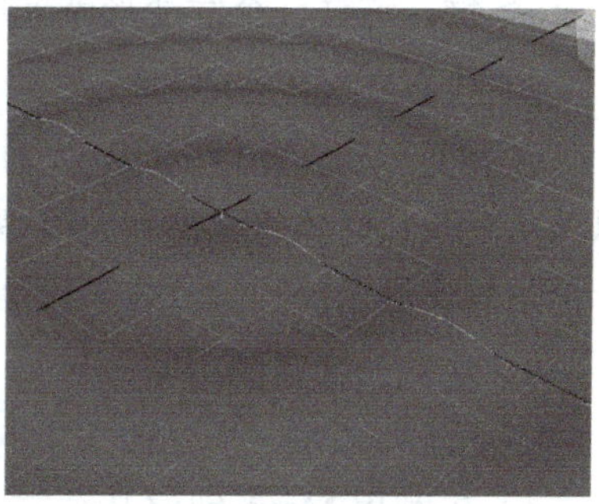

图 11-12　波形变形

5．造型变形

使用造型变形的一个球形对象来塑造曲面，造型变形有三种模式：翻转、投影和拉伸，如图 11-13 所示。在翻转模式中，球体会像力场一样将点从中心向外推。投影模式和翻转模式相反，会使物体发生形变。

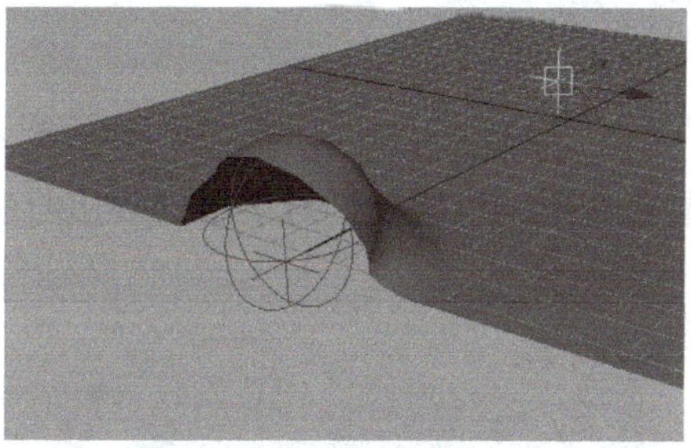

图 11-13　造型变形模式

拉伸模式推动顶点的方向对应于变形原点。该原点基于一个定位器对象并可以任意变换工具对其进行变换。定位器其实就是一个表示为十字的变换节点，如图 11-14 所示。

图 11-14 定位器

定位器在 Maya 中有各种用途——有时用来和其他对象编组，有时还可作为场景中其他对象的控制对象。

6. 摇晃变形

摇晃变形允许为动画曲面创建像胶质一样摇晃的运动。当为对象的一组点添加摇晃变形，并且为该对象制作动画时，曲面上的点会在对象的运动停止以及停止后继续移动。

一般这个变形在辅助动画中很有用，例如一个体型肥大的胖子在走路时的肚子的运动等。

7. 线变形

线变形使用一条 NURBS 曲线来对一个对象进行变形。可以移动曲线上的一段或几个顶点来更改一个对象的形状。

要创建一个线变形首先要绘制一条曲线，该曲线将会用来变形另一个对象。选择 Deform → Wire Tool 命令，同时选择将要变形的对象并按下 <Enter> 键，然后再选择曲线，按下 <Enter> 键，这样一个线变形就完成了。

8. 包裹变形

包裹变形允许使用 NURBS 曲线或曲面以及多边形几何体来变形另一个对象。此工具可以对从复杂几何体建立得到的模型进行变形。我们也常用此工具，将一个低分辨率模型作为一个包裹变形来控制高分辨率模型。

9. 实例：弹跳的小字

下面就来制作一个具体的实例——富有弹性的字。

1）先利用 Maya 创建几个文字，如图 11-15 所示。通过变形工具对这些字做一些拟人的动作。如图 11-16 所示，分别对这些字进行非线性变形。

图 11-15 创建文字

图 11-16 对文字进行非线性变形

2）继续为字创建一些晶格变形，以便我们对字做一些扭曲变形，如图 11-17 所示。

图 11-17 对文字进行晶格变形

3）准备工作做好后，我们开始赋予文字以生命。首先来做“果”字，先对“果”做一个 Twist 变形与晶格变形，对晶格创建 Key 关键帧，利用晶格的控制笼来做小字的跳动，通过控制晶格上的点让小字来模拟人弹跳时的一些身体的扭曲，如图 11-18 所示。完成弹跳后，再编辑 Twist 变形器，我们通过控制其 End Angle 属性与 Low Bound 属性来控制小字的扭转，对其创建 Key 关键帧，造成小字类似于人的扭头效果。

4）接下来做“冻”字。我们给“冻”字做一个 Bend 变形以及晶格变形，首先与“果”字一样，利用晶格给小字做一个弹跳动作，然后再通过控制 Bend 变形器的 Curvature 属性与 Low Bound 属性来控制小字，让字模拟人类点头的动作，如图 11-19 所示。

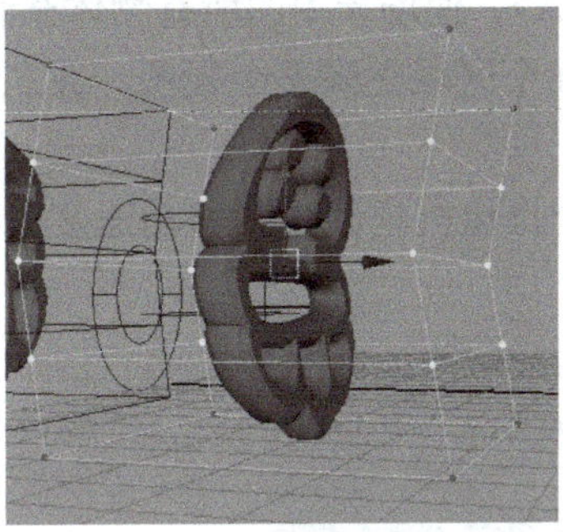

图 11-18 “果”字变形

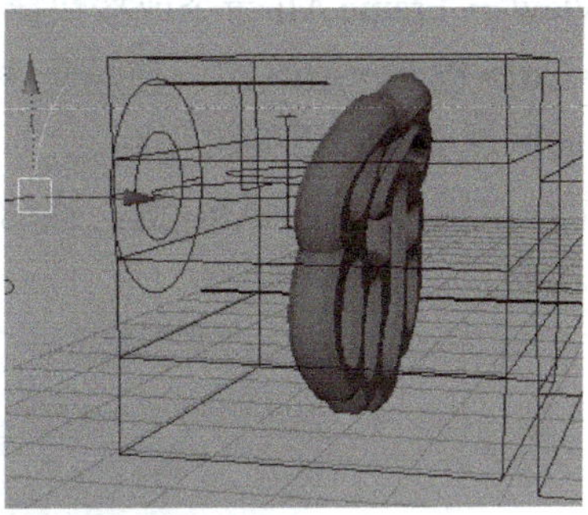

图 11-19 “冻”字变形

5）我们为“布”字做动画。给“布”字做 Wave 变形以及晶格变形，与上面相同，利用晶格变形为“布”字做一个弹跳运动，当“布”字弹到“冻”字之后，通过调节变形器 Wave 中的 Amplitude 属性和 Min Radius 属性将字变成向前凸起状，模拟用肚子挺的效果，撞击前一个字，如图 11-20 所示。前一个“冻”字随之向前移动，造成像被“布”字顶飞的效果。

6）最后做“丁”字动画。对它的处理与“果”字一样，造成它“摇头”的效果，如图 11-21 所示。

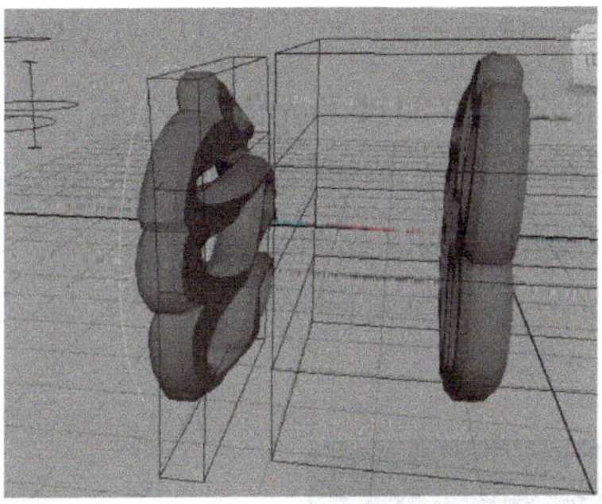

图 11-20

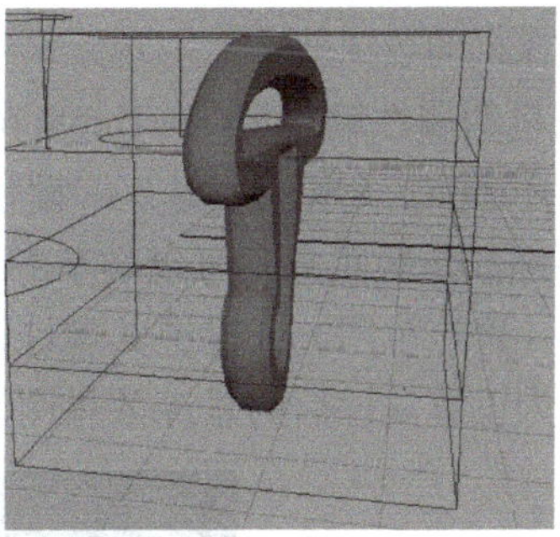

图 11-21 “丁”字变形

最后将所有的字转过来，再给果冻做 squash 变形让它自上而下落下，用控制变形器 Factor 属性给它做一个挤压状的变形，这样一组有个性的小字弹跳就完成了。

11.2 摄像机的配合

在 Maya 中，可以使用摄像机来观看场景或渲染场景，或者两者同时进行。在一部片子中镜头的运用好坏可以说直接决定了这部片子的成败。

在现实中的摄像机一般有推、拉、摇、移、跟五种镜头运用。而在 Maya 中的摄像机同样是使用这些镜头的用法。为了更好地使用这些镜头，Maya 为我们准备了三种类型的摄像机：单节点摄像机（Camera）、两节点摄像机（Camera and Aim）、三节点摄像机（Camera Aim and up），如图 11-22 所示。

下面来介绍摄像机的一些操作技法。

1）选择 View → Look At Selection 命令，使选择的物体定位于摄像机的目标点上。

2）选择 View → Frame Selection 命令或是按快捷键 <F>，使选择的物体充满摄像机视图。

3）选择 View → Frame All 命令或按快捷键 <A>，使场景中的所有物体充满摄像机视图。

4）按住 <Ctrl> 键和 <Alt> 键，使场景中的某个区域充满整个视图，并在需要的区域上拖动，使选择的区域会充满摄像机视图。

5）使用鼠标中键，按住 <Alt> 键，移动一个摄像机视图，其移动速度由摄像机到目标点之间的距离决定。

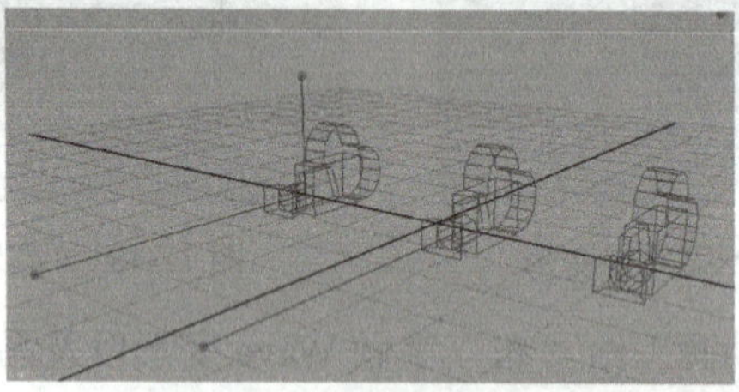

图 11-22　三种摄像机类型

摄像机的聚焦：在现实生活中，摄像机有一个距离范围，在此范围内的物体都是聚焦的。这个范围称为摄像机的 depth of field(景深)。在此范围之外的物体将是模糊的。而在 Maya 中默认的是无论远近都是聚焦的。但是我们可以模仿真实摄像机的景深效果。

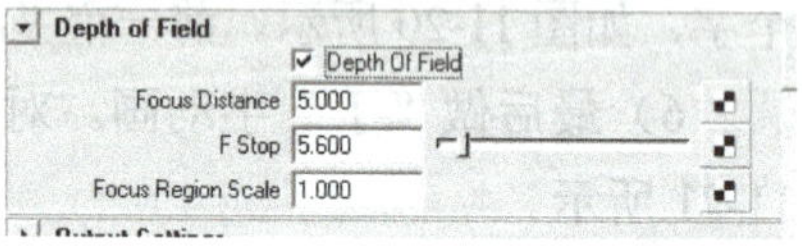

图 11-23　景深属性设置

打开摄像机的属性编辑窗，在 Depth of Field 选项中勾选 Depth of Field，如图 11-23 所示。

① Focus Distance（焦距距离）：设置其属性可以改变景深范围最远点与摄像机之间的距离。如果要缩放焦距距离，可以调节 Focus Region Scale 属性。

② F Stop（聚焦范围）：设置其属性，可以改变景深范围的大小。

图 11-24 为设置属性后的景深效果图。

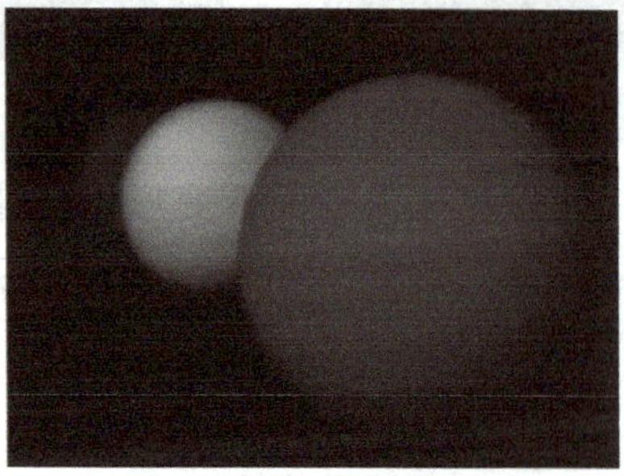

图 11-24　景深效果图

11.3 小结

在 Maya 中，变形器的应用还是比较广泛的，大家在制作过程中要充分发挥自己的想象力，充分利用变形器给我们带来的这一系列的变化效果，同时配合好动画的时间与间距，做好摄像机动画，使动画的节奏更加丰富，视觉感更强，能够做出更出色的作品。当然这也需要我们平时大量的练习与积累，只有这样才能达到一个从学到精的转变。

高级动画的学习是一个从量变到质变的过程，我们将系统地学习骨骼的绑定以及角色动画。在学习过程中，Maya 命令的掌握是一方面，更主要的是要学会去观察，去表演，去揣摩，去认真体会生活中的细枝末节。还是那句话，动画来源于生活，再加一句，高于生活。我们可以发挥自己的想象做出一些夸张的动作，融入到我们的情景中，会起到非常好的效果。

第 12 章　骨骼的简单应用（高级动画）

12.1　绑定和约束

在角色动画中，建立骨骼之后，需要为骨骼创建反向动力学手柄，其目的是为了让我们更好地控制由父层级到子层级的骨骼，这也为动画的调试带来了极大的便利。而约束能控制一个物体使其跟随另一个物体执行移动、旋转、缩放的操作，将很多繁琐的操作简单化，以提高我们的工作效率。

12.1.1　了解骨骼

在角色动画中，角色的骨骼在建模和动画这两个环节之间起到了一个桥梁的作用。它将静止的、无生命的模型变成可以动的活生生的角色。

骨骼的设定是在 Maya 中的 Animation（动画）模块中完成的。在菜单栏中选择 Skeleton 展开骨骼菜单，主要用 Joint Tool 工具来建立骨骼系统，如图 12-1 所示。

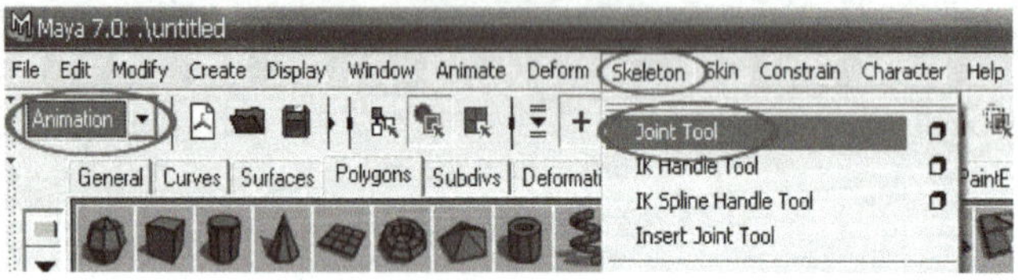

图 12-1　骨骼的设定

在使用 Joint Tool 工具创建骨骼时，新的关节会自动地将之前绘制的关节作为父对象。圆环状称为关节，三角状称为骨头，如图 12-2 所示。

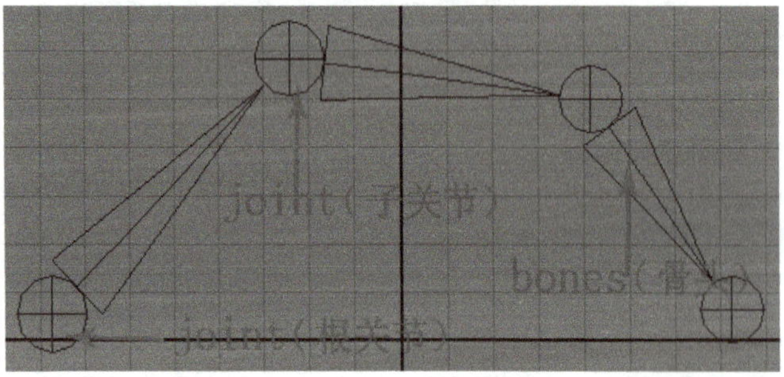

图 12-2　骨骼创建图

单击 Joint Tool 工具右侧的小方块，可调出参数设置对话框，如图 12-3 所示。以下就介绍 Joint Tool 工具中的一些选项。

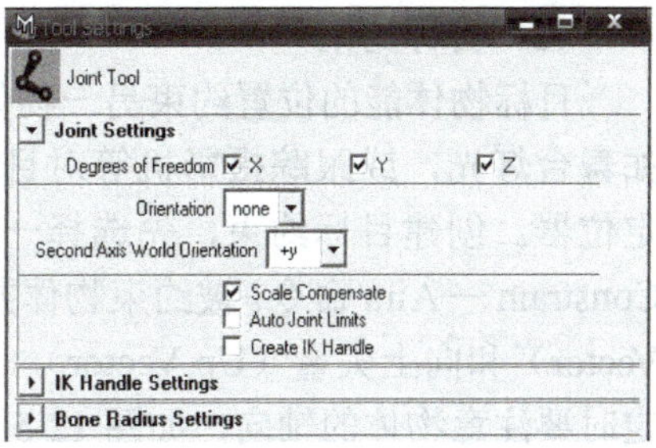

图 12-3 Joint Tool 参数设置对话框

1）Degrees of Freedom（自由度）：此选项决定了允许沿哪个轴向弯曲。

2）Orientation（方向）：此选项设置为骨节点坐标轴的方向。包括 none、xyz、yzx、zxy、xzy、yxz、zyx 选项。选择 none 选项时，创建骨节点的坐标轴的方向与世界坐标轴的方向一致；选择其他选项，则第 1 坐标轴指向子关节，第 2 坐标轴指向关节弯曲的方向。

3）Second Axis Word Orientation（第 2 坐标轴方向）：此选项为设置骨节点第 2 坐标轴的方向。

（注：Joint Tool 参数属性中的 Orientation（方向）属性大家一定要了解，其他属性选择默认即可。）

下面是绘制骨骼的过程：

1）选择 Joint Tool 工具，在视图窗口（最好是用 Top view、Front view、Side view）中单击确定一个骨骼节点，然后在另一个位置再次单击将出现另一个骨骼节点，骨骼之间会自动连接在一起。

2）以同样的方式多次单击后，按 <Enter> 键即可建立连续的骨骼。

在完成骨骼创建之后，还需要对骨骼进行编辑，Maya 中提供了一些比较方便的编辑工具，下面为大家介绍一些常用的骨骼编辑工具。

①骨骼显示大小：单击 Display → Joint Size（骨骼尺寸），就可以调整骨骼的显示尺寸。

②骨骼关节移动：选择要移动的关节，按 <Insert> 键就可开启关节移动模式，移动好后必须再按 <Insert> 键关闭关节移动模式。（注：如果是整体骨骼移动，则需要按 <W> 键。）

③骨骼复制：按 <Ctrl+c> 键，虽然也可以对骨骼进行复制，但常会出现一些异常情况。所以说我们只有通过选择 Skeleton → Mirror Joint（镜像骨骼）命令进行骨骼复制才最为保险。

12.1.2 简单的绑定和约束

为角色模型创建好骨骼后，并不表示完全绑定好，还需要进一步去创建骨骼控制器。用这些控制器可以像操作木偶一样地操作骨骼，这样调试动作时会更加方便、快捷。而在做一些控制器的时候，我们会经常使用到约束工具。所谓的约束，就是将事物的变化限制在一个特定范围内。在 Maya 中，可以通过约束作用，将一个或多个物体的位置、方向、缩放来控制另外一些物体的位置、方向、缩放。Maya 中为我们提供了 8 种类型的约束，分别是点约束（Point）、目标约束（Aim）、方向约束（Orient）、缩放约束（Scale）、几何体约束（Geometry）、法线约束（Normal）、切线约束（Tangent）和极限量约束（Pol Vector）。可以在 Animation（动画）模块下的 Constrain 菜单中调用这些约束工具。

（1）点约束

创建点约束时，先选择一个或多个目标物体，再选择被约束物体，然后选择 Constrain → Point 命令，如图 12-4 所示。被约束物体会自动移动到目标物体的轴心点上，如果存在多个目标物体，则依照目标物体对被约束物体的控制权重来决定被约束物体的位置。

（2）目标约束

目标物体能的位置约束另一物体的方向，使被约束物体的某一轴向总是瞄准目标物体。如舞台灯光，或跟踪摄影机等对目标的跟随，在角色设定中的主要用途是作为眼球运动的定位器。创建目标约束，先选择一个或多个目标物体，再同时选择被约束物体，然后选择 Constrain → Aim 命令。被约束物体方向的确定是由两个矢量来控制的，分别是目标矢量（Aim Vector）和向上矢量（Up Vector），我们在创建目标约束时，可从创建选项中进行设定。设定时要注意物体的轴向，如图 12-5 所示。

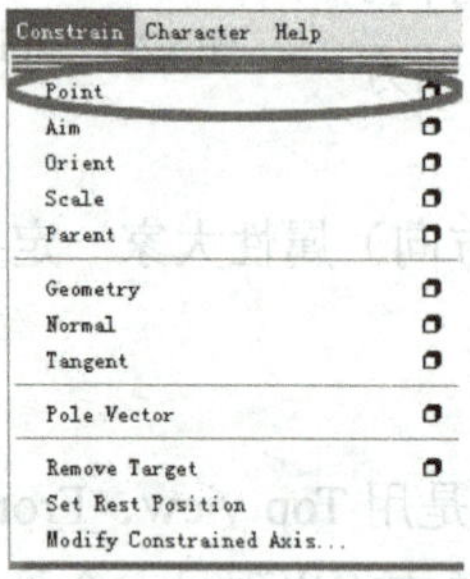

图 12-4　点约束

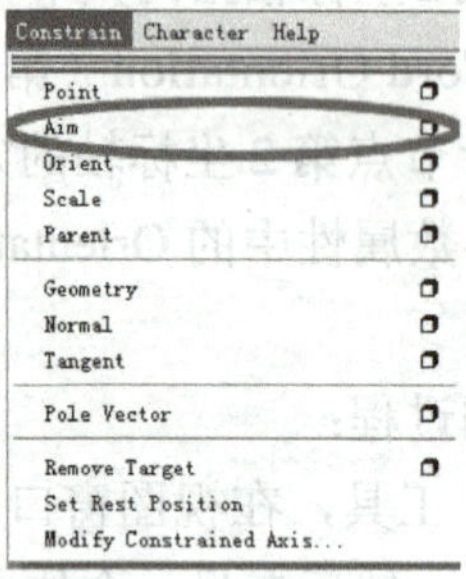

图 12-5　目标约束

（3）方向约束

方向约束可以让一个或几个物体来控制被约束物体的旋转，被约束物体只是跟随目标物体的转动而转动，本身的位置不受影响。当存在多个目标物体时，被约束物体的方向按目标物体所施加的影响力取它们的平均值。创建方向约束时，先选择目标物体和被约束物体，然后选择 Constrain → Orient 命令，如图 12-6 所示。

（4）缩放约束

使得被约束物体的缩放跟随目标物体的缩放而改变，当我们遇到要使多个物体进行相同方式或比例的缩放时，可以利用缩放约束来简化操作。另外对于有特殊的动画需求时，缩放约束也能提供一种良好的解决方案。创建缩放约束时，选择目标物体和被约束物体，再选择 Constrain → Scale 命令，如图 12-7 所示。

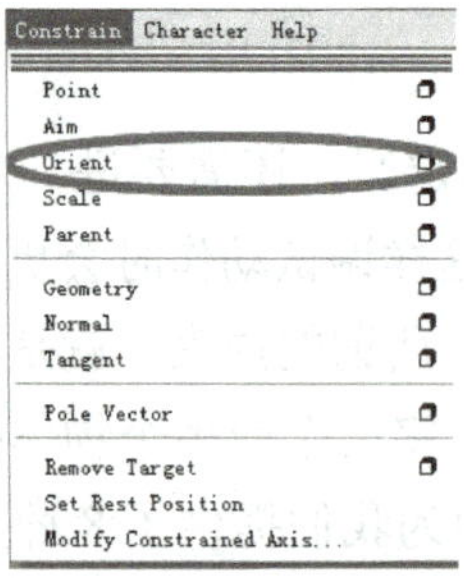

图 12-6　方向约束

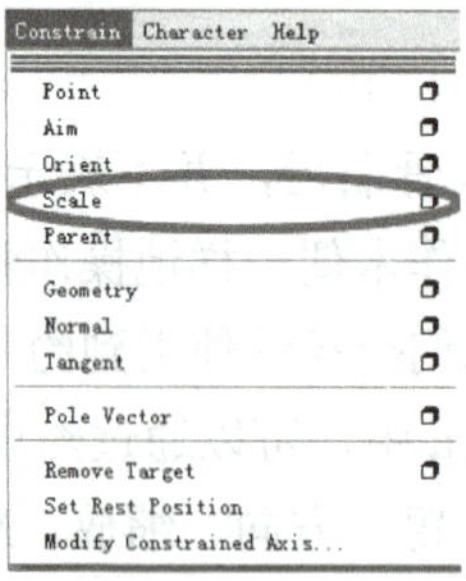

图 12-7　缩放约束

（5）几何体约束

几何体约束可以将物体限制到 NURBS 表面、NURBS 曲线或多边形表面上，被约束物体的位置被一个或多个目标物体的最近表面位置驱动。创建几何体约束时，可先选择目标物体和被约束物体，然后选择 Constrain → Geometry 命令，如图 12-8 所示。

（6）法线约束

法线约束可以约束物体的方向，使物体方向与 NURBS 表面或多边形表面的法线在同一条直线上。当需要一个物体在一个表面上合理地滑动时，就会用到法线约束。例如制作滑雪的场景，物体在水面飘动的场景等，都可以考虑使用法线约束。创建法线约束时，先选择目标物体和被约束物体，然后选择 Constrain → Normal 命令。通常情况下，法线约束和几何体约束是搭配使用的，由几何体约束控制物体在表面上的位置，由法线约束来控制物体在表面上的方向，如图 12-9 所示。

（7）切线约束

切线约束的目标物体需要一条曲线，当物体沿曲线运动时，物体的指向总是沿曲线方向。当我们制作汽车轮胎并沿曲线转弯时，可以利用切线约束来表现合理的运动。切线约束也经常和几何体约束一起搭配使用。创建切线约束时，先选择目标曲线和被约束物体，然后选择 Constrain → Tangent，如图 12-10 所示。

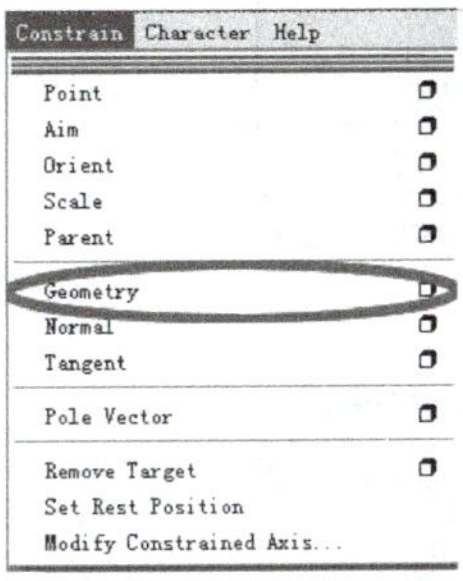

图 12-8 几何体约束

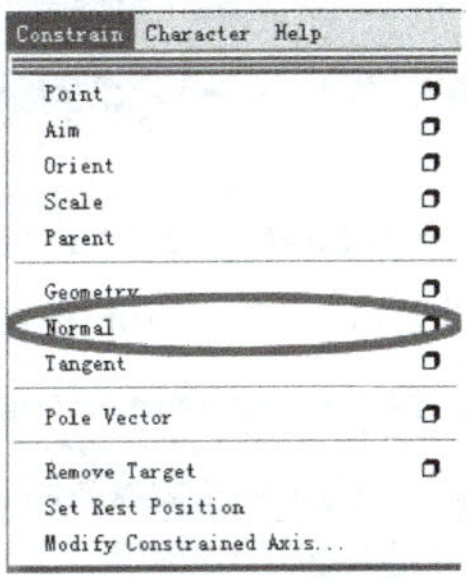

图 12-9 法线约束

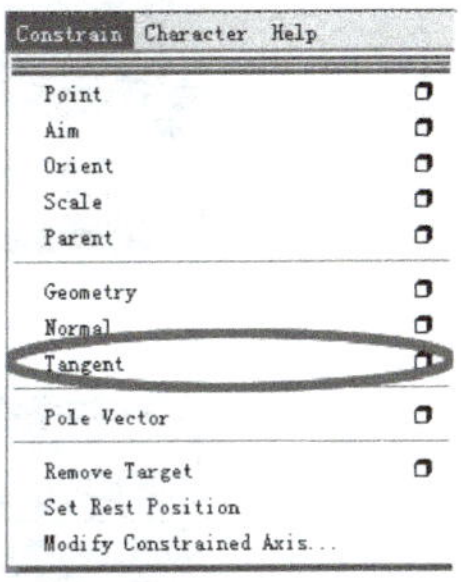

图 12-10 切线约束

（8）极向量约束

极向量约束使得极向量终点跟随目标物体的移动，在角色设定中，胳膊关节链的 IK 旋转平面手柄的极向量经常被限制在角色后面的定位器上。在一般情况下我们运用极向量约束是为了在操纵 IK 旋转平面手柄时避免意外的反转，当手柄向量接近或与极向量相交时，反转会出现，使用极向量约束可以让两者之间不相交。

创建极向量约束时，先选择一个或多个目标物体（一般是简单几何形或定位器）已经所要约束的 IK 旋转平面手柄，然后选择 Constrain → Pole Vector 命令，如图 12-11 所示。

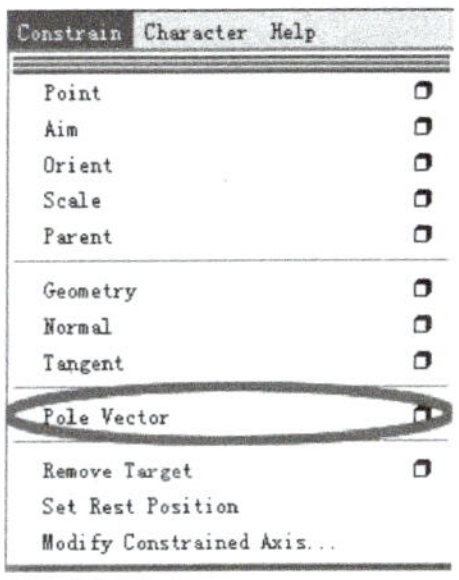

图 12-11 极向量约束

12.2 伸展的机器手臂

12.2.1 给我的机器手臂穿上骨骼

在进行骨骼绑定时，要先了解其骨骼结构。本例中只是机器手臂，我们只要根据真人的运动规律来研究设置其骨骼系统即可。

1）创建机器手臂骨骼之前，应先确定在哪个视窗中进行。一般来说，根据手指弯曲的方向，应该在 Top 视窗中设置，如图 12-12 所示。

2）在 Maya 中的 Animation 模块下，选择 Skeleton → Joint Tool 命令，使用默认参数为机器手臂从左至右进行创建骨骼，如图 12-13 所示。

3）将手臂的骨骼连在一起，先选择手指的根关节，再按 <Shift> 键加选手臂末端关节，然后进行父子关系，如图 12-14 所示。

4）将手臂骨骼移到模型正中央，如图 12-15 所示。

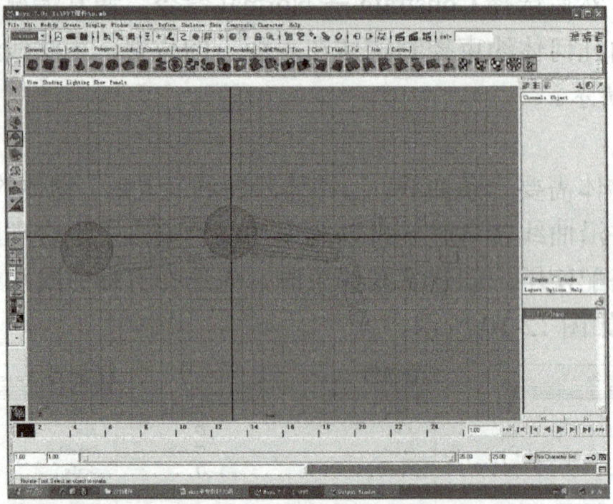

图 12-12　打开 Top 视窗

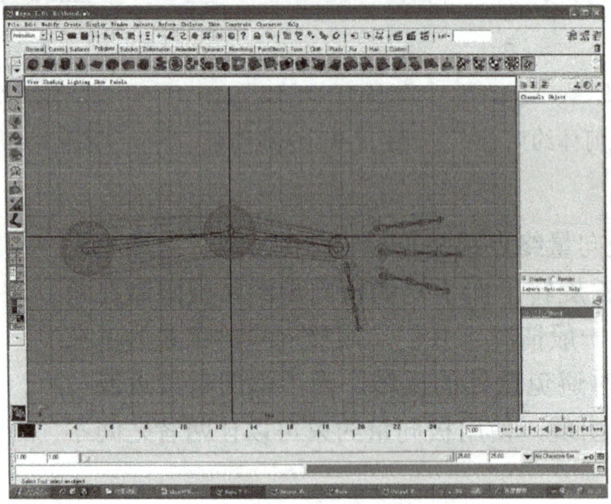

图 12-13　创建骨骼

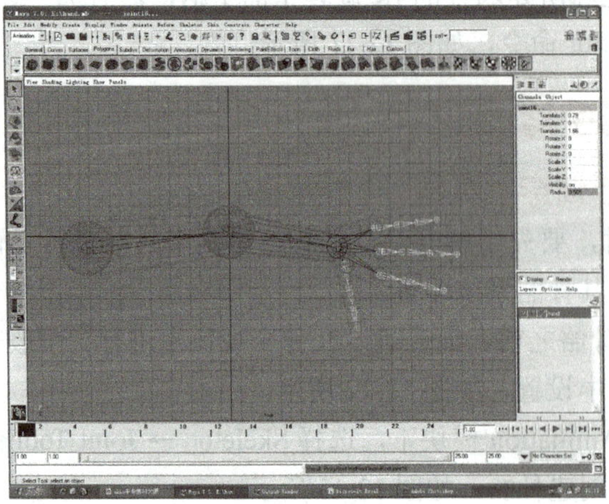

图 12-14　连接骨骼

5）机器手臂的骨骼创建好了，现在需要给手臂加上驱动。首先给手臂添加 ikhandle，先执行 Skeleton → IK Handle Tool 命令，然后单击手臂根关节，再单击手腕骨节，就可以看到在肩部和腕部骨节点之间创建了一个 IK 系统，如图 12-16 所示。

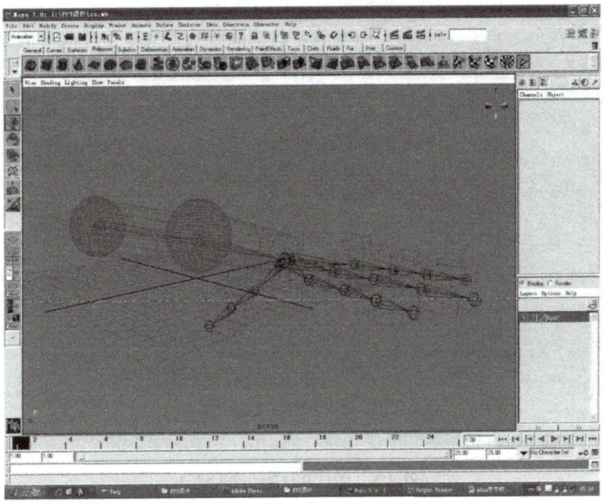

图 12-15　移动手臂骨骼模型

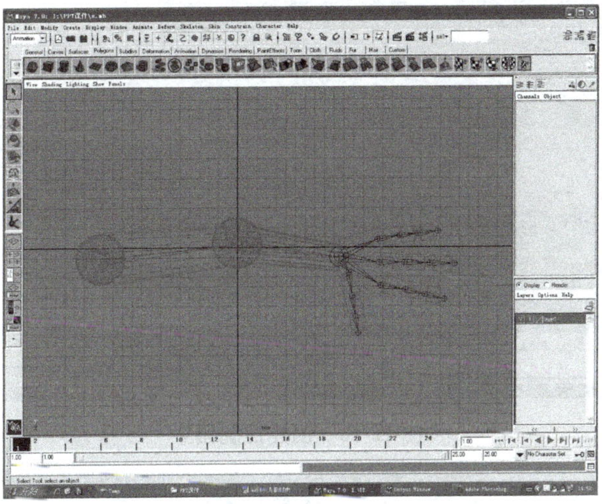

图 12-16　给手臂添加驱动

6）接着创建控制器。首先创建一个字母 r 作为手臂的控制器，并且将字母移到关节处，选中字母 r，再按 <Shift> 键选中 IK Handle（IK 系统），执行 Constrain → Pole Vector 命令（极限量约束）。完成控制器的创建后，可上下移动字母观察骨骼的变化，如图 12-17 ～ 12-21 所示。

机器手臂的 IK 系统创建好后，现在需要给手指加上驱动。

1）先将骨骼和模型对好位置，创建一个圆环曲线吸附放置到手腕处，并且单击 Channels → Add Attribute 命令（通道 → 创建属性）给圆环自定义一个 hand 属性，将 Attribute Name（属性名称）改为 hand，Minimum（最小值）改为 -5，Maxmum（最大值）改为 10，Default（初始值）改为 0，完成属性创建，如图 12-22 ～ 12-24 所示。

2）控制属性创建好后，执行 Animate → Set Driven Key → Set 命令（动画→驱动关键帧

→驱动），选择圆环曲线执行 Load Driver（导入驱动），并且选择 hand 属性；在每一根手指骨执行 Load Driven（导入被驱动），并且选择 rotate X、rotate Y 、rotate Z 属性，如图 12-25 ～ 12-26 所示。

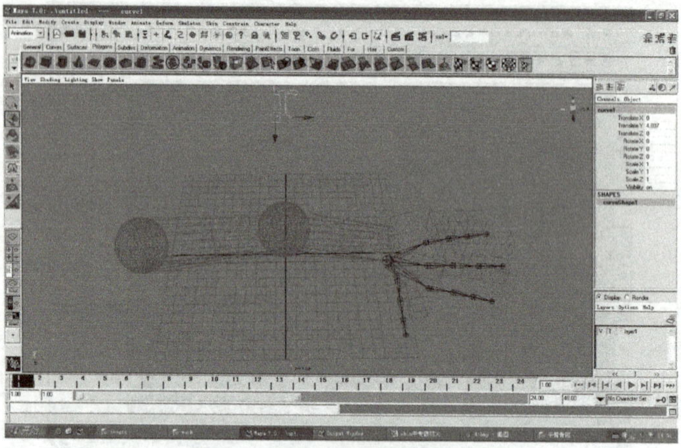

图 12-17　创建控制器 1

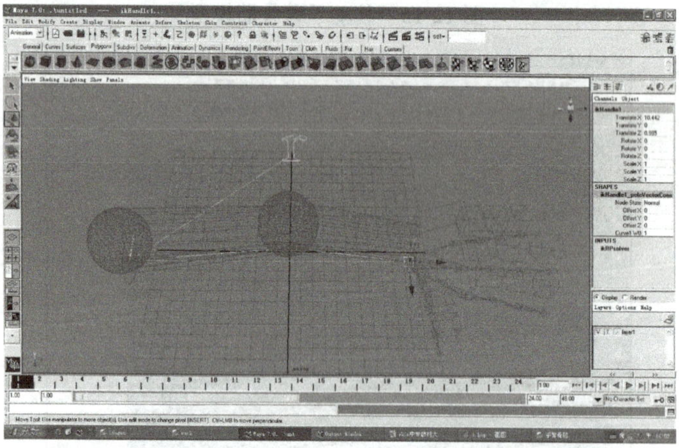

图 12-18　创建控制器 2

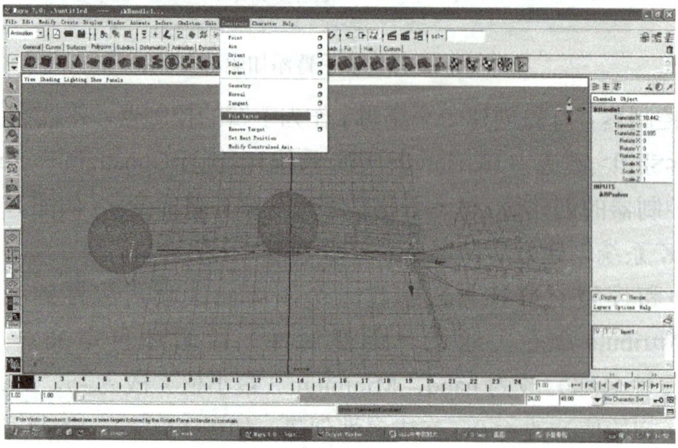

图 12-19　执行 Pole Vector 命令

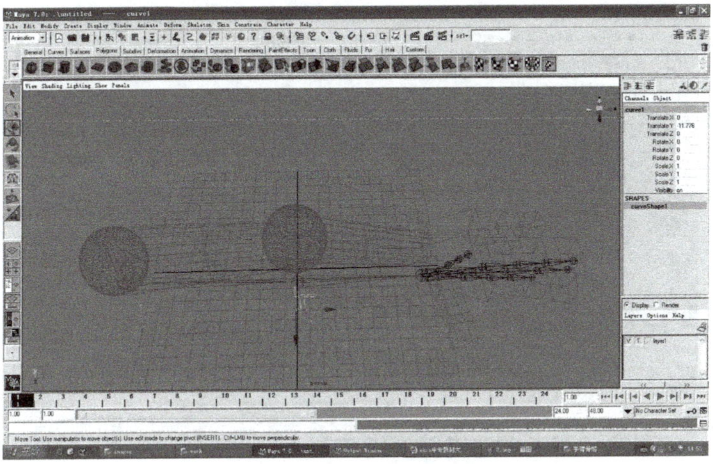

图 12-20 极限量约束

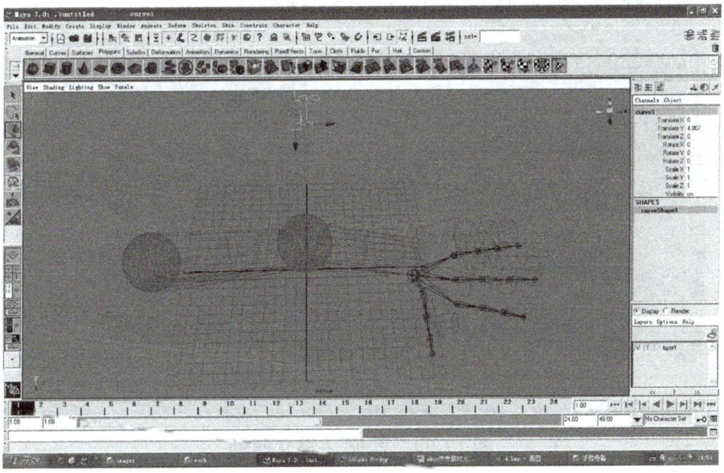

图 12-21 控制器创建完成

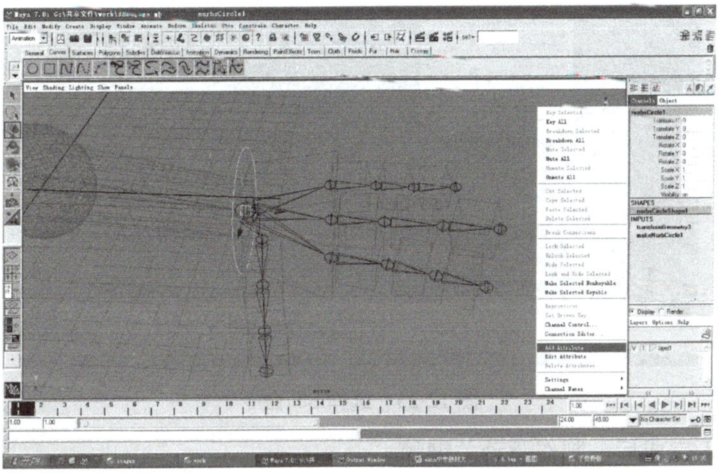

图 12-22 创建圆环曲线

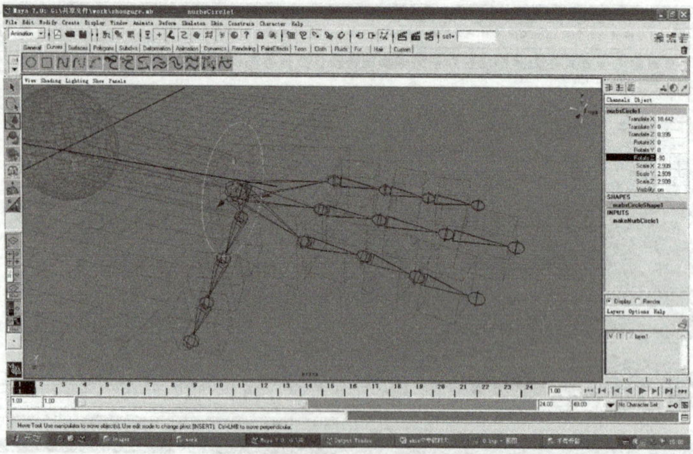

图 12-23　选择 Add Attribute 命令

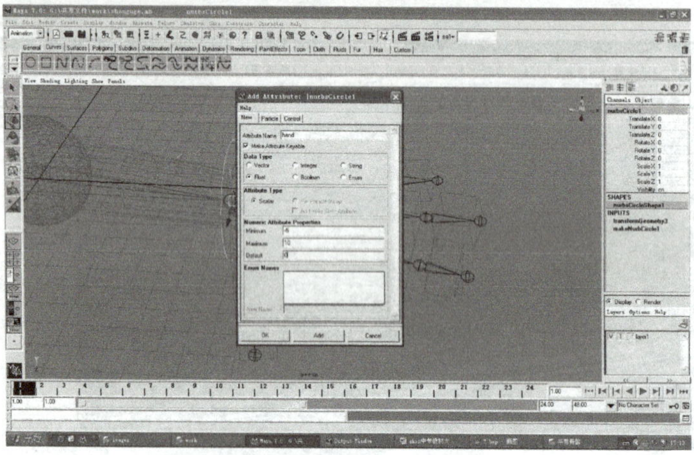

图 12-24　给圆环定义属性

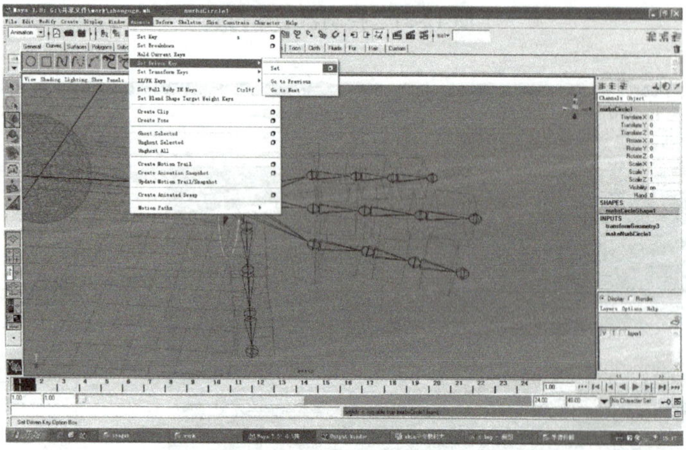

图 12-25　选择 Set 命令

3）驱动导入完成后，制作驱动关键帧。

选择圆环修改其通道栏中的 hand 为 0 时，无需改变手指骨骼，执行 Set Driver Key（驱动关键帧中）的 Key（关键帧）命令，如图 12-27 所示。

选择圆环修改其通道栏中的 hand 为 -5 时，如图 12-28 所示改变手指骨骼造型（分别选择每根手指的骨骼进行旋转），再次执行 Set Driver Key（驱动关键帧中）的 Key（关键帧）命令。

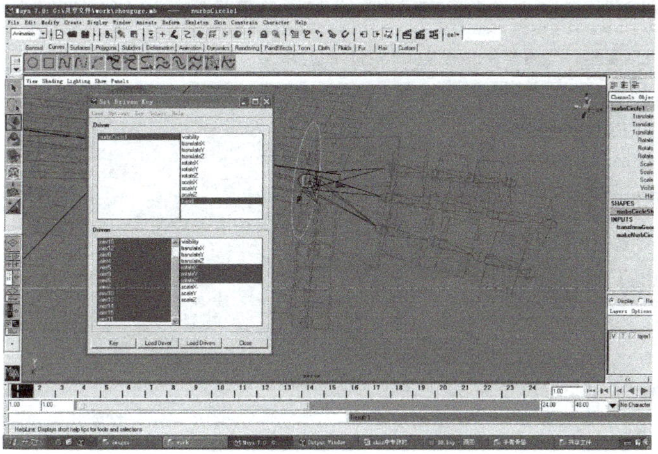

图 12-26　驱动属性设置

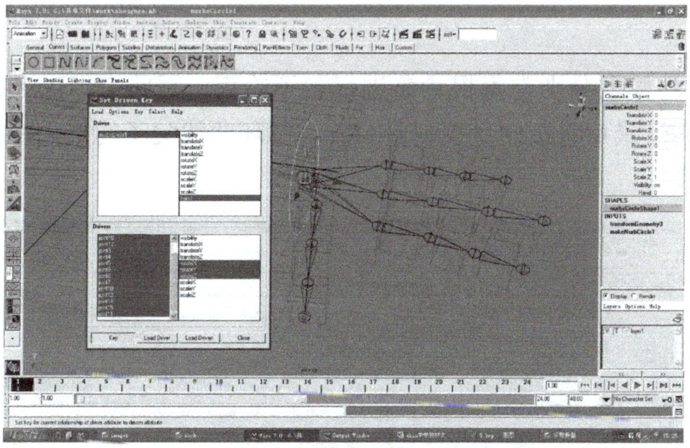

图 12-27　hand 为 0 时执行关键帧

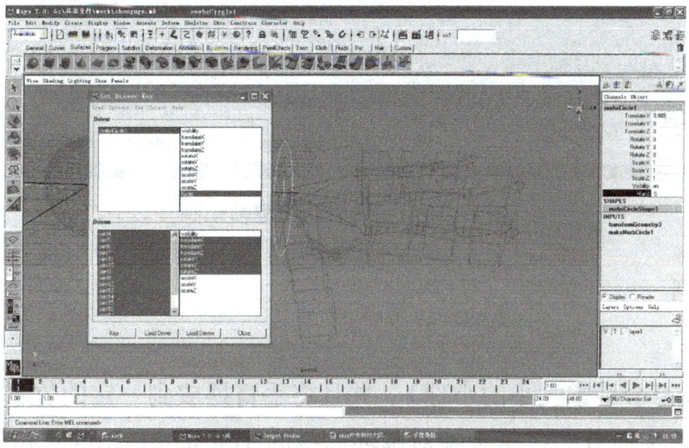

图 12-28　hand 为 -5 时执行关键帧

选择圆环修改其通道栏中的 hand 为 10 时，如图 12-29 所示改变手指骨骼造型（分别选择每根手指的骨骼进行旋转），第三次执行 Set Driver Key（驱动关键帧中）的 Key（关键帧）命令。

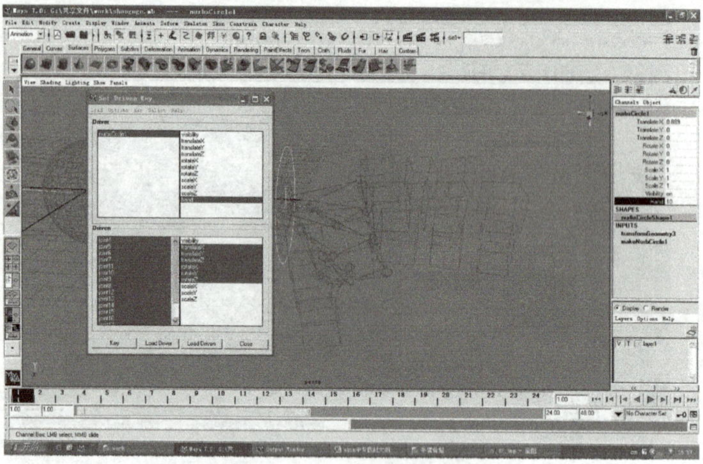

图 12-29　hand 为 10 时执行关键帧

12.2.2　绑定完毕

完成驱动后，将模型分别与每根骨骼进行父子约束，再将 IK Handle （IK 系统）与圆环曲线进行父子约束，最后将级向量控制器（R）与圆环曲线父子约束，完成驱动关键帧动画，如图 12-30 所示。

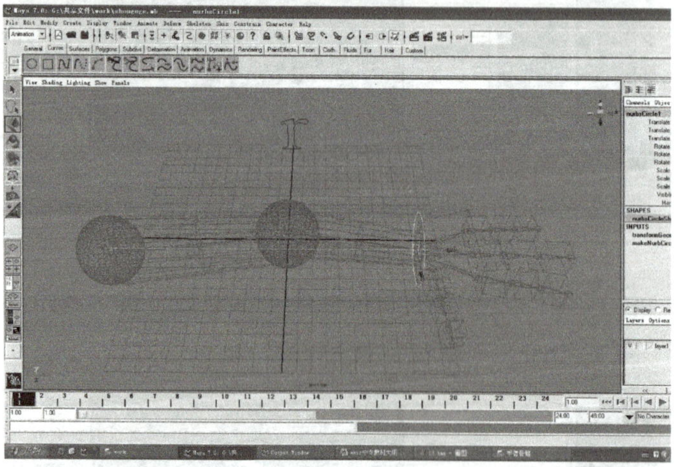

图 12-30　完成驱动关键帧动画

12.2.3　制作动画

实例：抓住小球

1）创建模型（符合手掌大小的小球），并且将手臂摆放到一定的位置，如图 12-31 所示。

2）开始制作动画，首先在第 1 帧对圆环曲线的 Translate、Rotate 和 hand 属性执行 Key Selected（选择关键帧），此时 hand 的数值为 2.3，如图 12-32 所示。

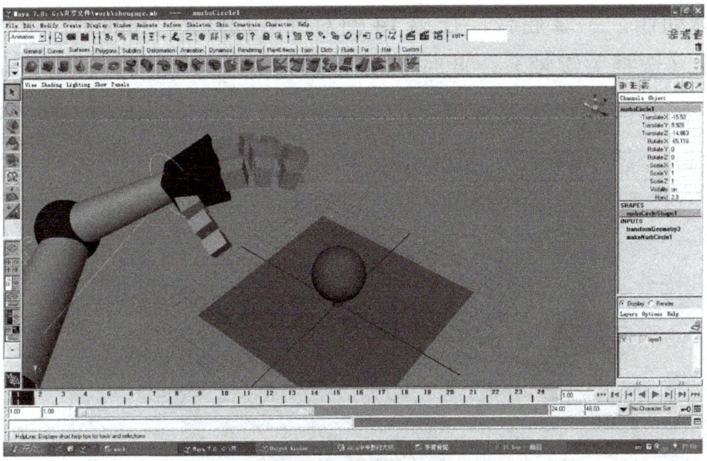

图 12-31　创建模型

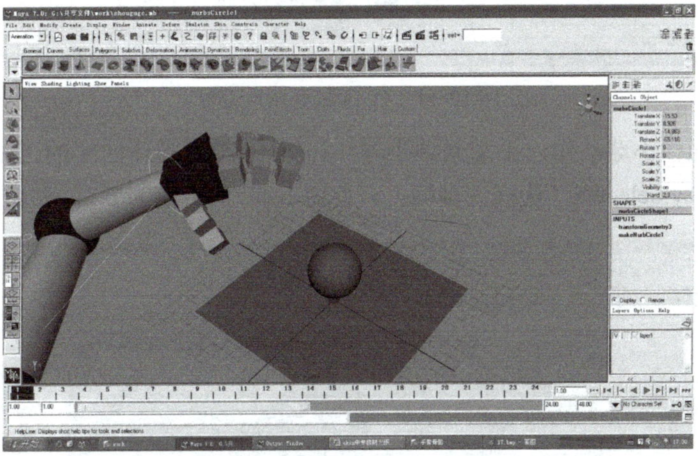

图 12-32　第 1 帧处属性设置

3）做预备动作，手掌微微张开，在第 4 帧对圆环曲线的 Translate、Rotate 和 hand 属性执行 Key Selected（选择关键帧），此时 hand 的数值为 1.3，如图 12-33 所示。

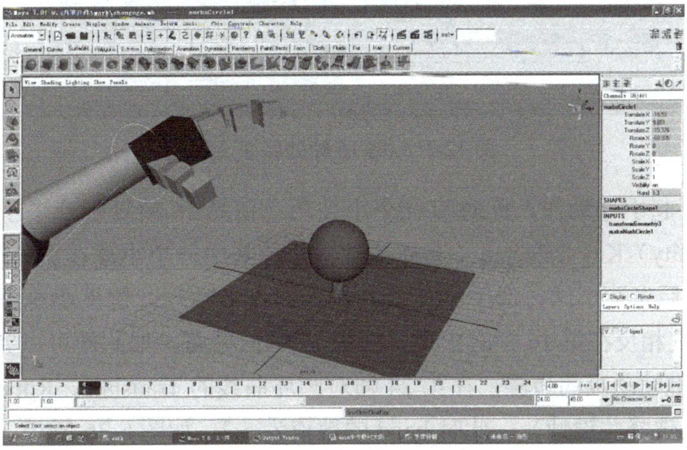

图 12-33　第 4 帧处属性设置

4）做抓小球动作，手掌屈合，在第 14 帧对圆环曲线的 Translate、Rotate 和 hand 属性执行 Key Selected（选择关键帧），此时 hand 的数值为 3.4，如图 12-34 所示。

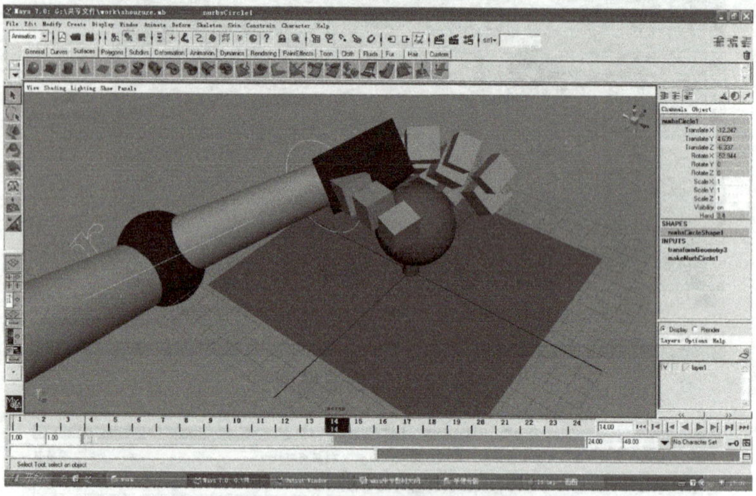

图 12-34　第 14 帧处属性设置

5）再次做抓住小球动作，手掌紧握小球，在第 16 帧对圆环曲线的 Translate、Rotate 和 hand 属性执行 Key Selected（选择关键帧），此时 hand 的数值为 6.2，如图 12-35 所示。

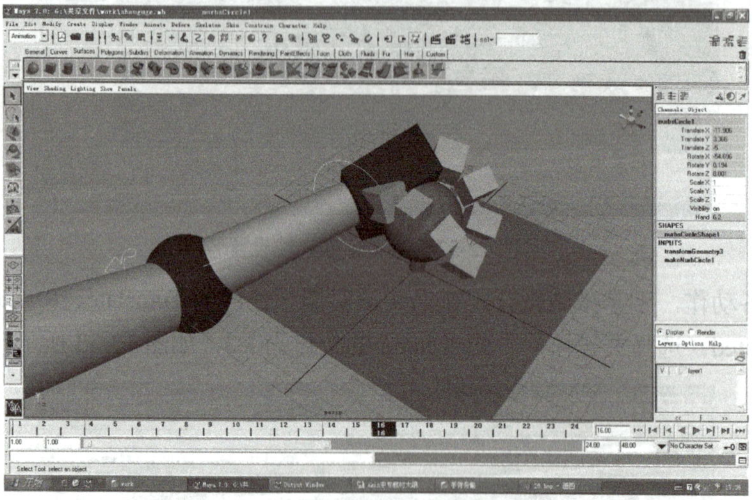

图 12-35　第 16 帧处属性设置

6）最后做抓起小球动作，此时有一个小技巧：在第 16 帧复制一个小球，这个小球的隐藏属性（visibility）Key Selected（选择关键帧）让其中一个小球在第 16 帧时隐藏，在第 17 帧时出现，然后先选小球再选手掌模型并按下键盘上的 <p> 键使小球跟随手掌运动，而另外一个小球与其相反在第 16 帧时出现，在第 17 帧时隐藏，如此便可以完成动画减少了对跟随小球操作关键帧动画的步骤；在第 24 帧对圆环曲线的 Translate、Rotate 和 hand 属性执行 Key Selected（选择关键帧），此时 hand 的数值为 6.2，如图 6-36 所示。

7）完成动画，如图 12-37 ～ 12-41 所示。

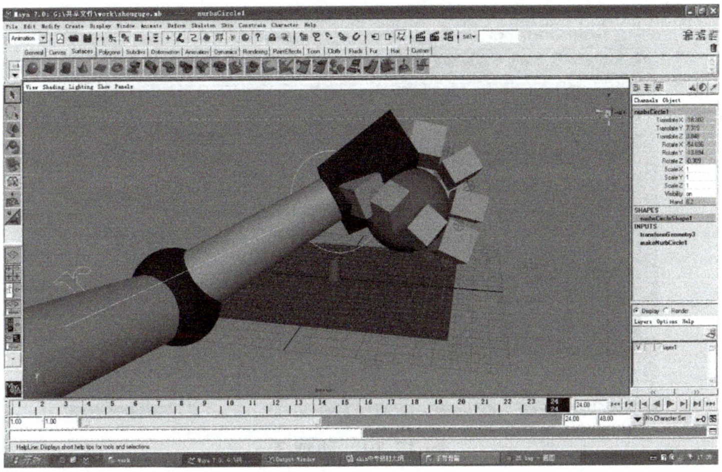

图 12-36

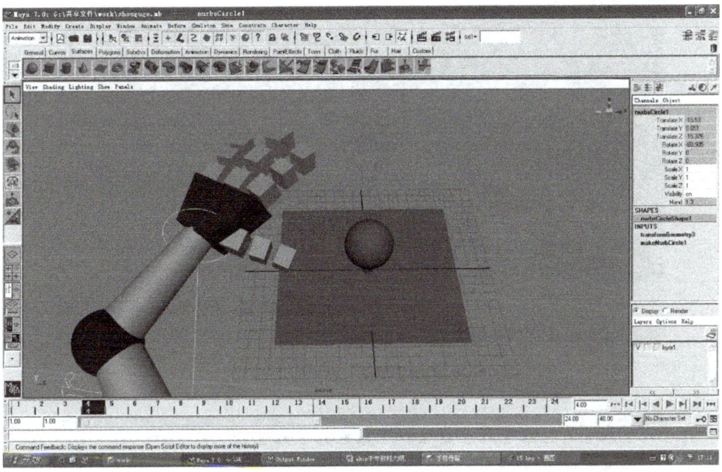

图 12-37 动画 1

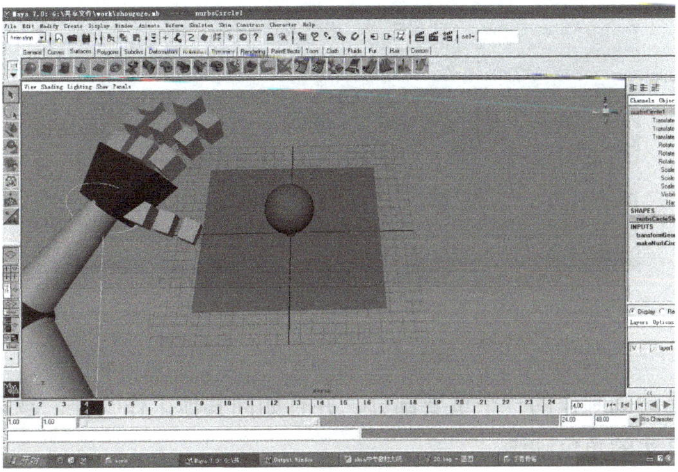

图 12-38 动画 2

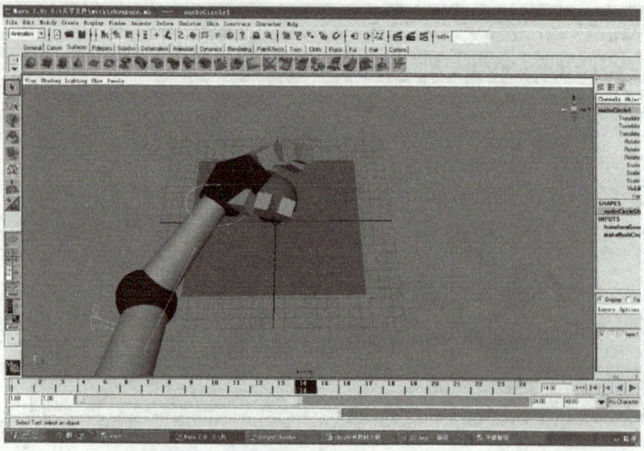

图 12-39　动画 3

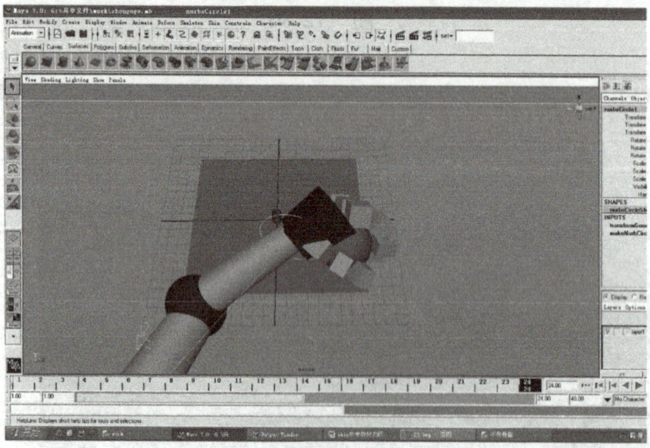

图 12-40　动画 4

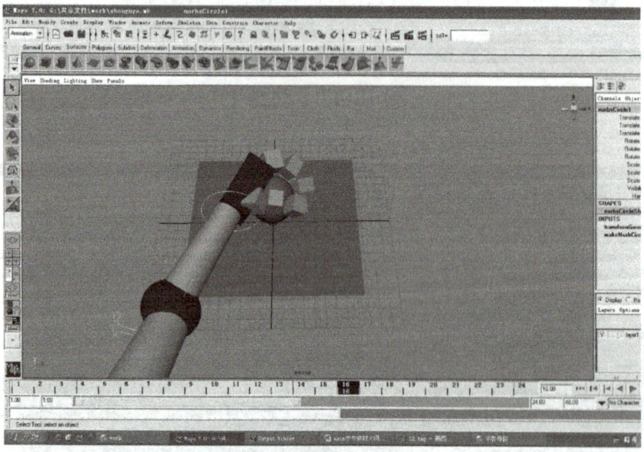

图 12-41　动画 5

12.3　小结

骨骼的设定是动画制作的一个重要部分，并且如同其他工作一样，越多地使用该特性，就越能创造出更真实的角色动画。

在以下章节中将会介绍 Maya 中很多渲染的内容，了解关于灯光、材质的知识。

Maya 渲染篇

Rendering

第13章 渲染概述

渲染在三维动画中占有很重要的地位，是体现作品的质感、情绪的重要步骤。渲染讲究的不是技术多么精湛，而是对事物的认识和表达，对美的感觉。

（1）三维工作流程　一般人都会把渲染误认为渲染输出，其实渲染工作包括灯光、材质，渲染输出，如图 13-1 所示。

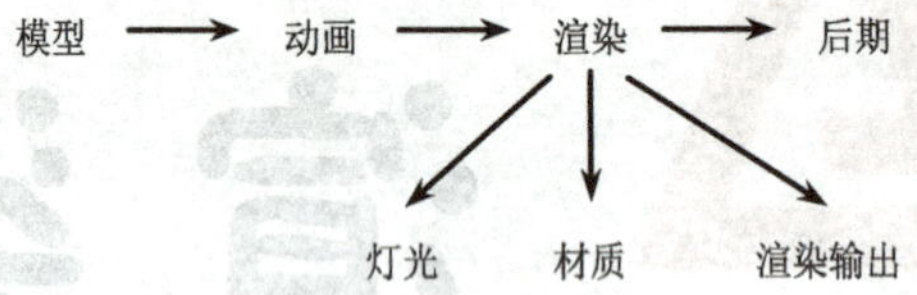

图 13-1　三维动画工作流程

（2）渲染工作流程　我们所说的 Maya 的渲染工作，是要将灯光（Lighting）和材质（Texturing）联系起来的，因为它们是相互联系、密不可分的。图 13-2 是对此流程的一个简单说明。

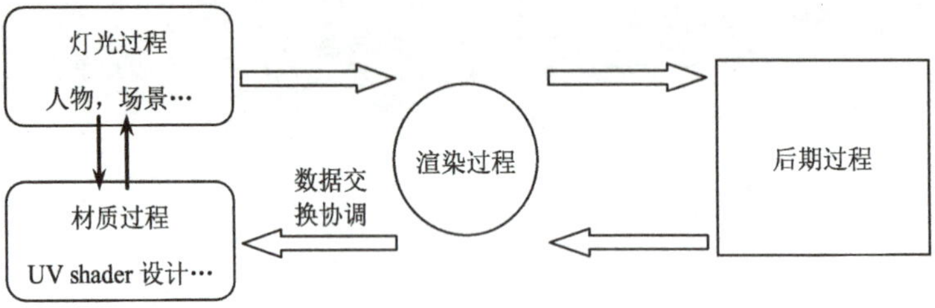

图 13-2　渲染的工作流程

在渲染的过程中，不能把其中每一个环节孤立出来进行操作，因为它们之间有着频繁的数据交换。因此需要很好地进行协调、管理和组织，才能发挥最高效率。从事三维动画工作的花费是很大的，如果准备不充分或者其中某个环节出现问题，就可能出现重复劳动，造成时间和经济上的损失。要将这些工作理顺、做好，需要经验的积累和不断地学习总结。

13.1　渲染的概念

渲染，英文名为 Render，翻译为“着色”，着色的说法比较直观，顾名思义渲染的主要工作就是着色。这个着色过程复杂而有趣。

渲染又分实时渲染和非实时渲染，实时渲染是即时计算出来的，我们平时玩的游戏画面就是实时渲染出来的；非实时渲染是事先渲染成动画序列，然后再以一定的速率播放成动画，我们日常生活中常看的电影、CG 动画等都是使用了非实时渲染，如图 13-3 所示。

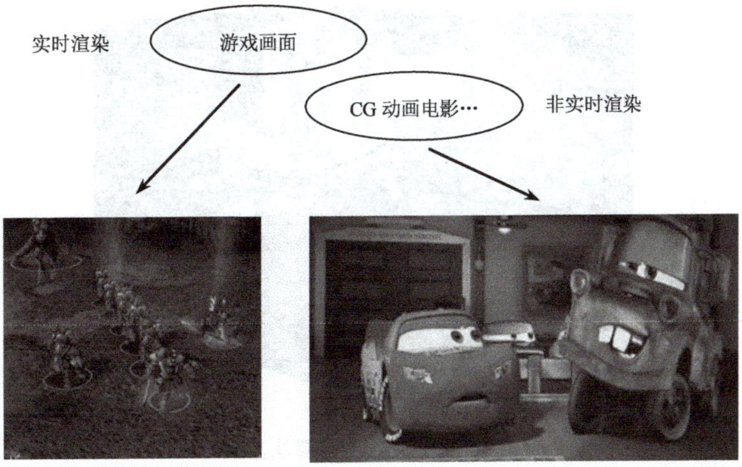

图 13-3　实时渲染和非实时渲染

13.2　渲染的基本算法

由于渲染的原理不同，渲染算法可分为：扫描线算法（Scanline）、光线跟踪算法（Raytrace）、辐射度算法（Radiosity），下面就具体介绍一下这些算法。

1．扫描线算法（见图 13-4）

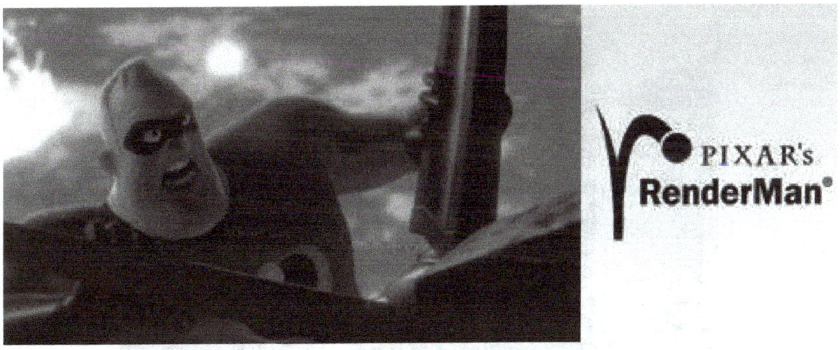

图 13-4　扫描线算法渲染

扫描线算法又称为画家算法，根据摄像机的设置进行二维投影，然后把投影分成小块，逐步进行计算。这种算法相当成熟，使用率也是最高的，在有些画面质量上虽然比不上光线跟踪算法，但是渲染速度比光线跟踪算法快好多，很适合追求效率的动画师使用。其具有典型代表的渲染器有 Pixar 的 RenderMan 和 Maya 的 Software。典型作品有《玩具总动员》、《星球大战》、《昆虫总动员》、《海底总动员》、《超人家族》……

2. 光线跟踪算法（见图 13-5）

图 13-5　光线跟踪算法渲染

光线跟踪算法是生成高度真实感图形的主要算法。光线跟踪的计算方法与现实生活中的成像原理十分相似。它是计算从光源发射的光线，把它作为无限长的射线，当遇到反射或者折射时改变方向，遇到漫反射面或无物体阻挡时结束。在真正计算的时候则是逆向求解，从摄像机计算到光源。

其具有典型代表的渲染器是 Maya 的 mental ray。光线跟踪算法所渲染出来的画面质量更加真实，但真实的同时也要付出代价，其渲染的时间相对于扫描线算法要慢很多。

3. 辐射度算法（见图 13-6）

图 13-6　辐射度算法渲染

辐射度算法是基于能量传递和能量守恒原则，多用于漫游系统，它将场景剖分为许多大小不同的元面，逐个计算光线在每个圆面上的辐射值，经过衰减后，再传递到对应方向的面，如此下去，直到光线能量值低于我们所设置的初始能量值。

13.3 小结

本章节是对渲染的一个初步认识，了解渲染工作中的步骤，明确学习渲染的意义。分清楚渲染和渲染输出有何不同。渲染是一门和艺术密切相关的技术，我们所学的一切渲染技术都是为了更好地表现事物的形态、感觉。课后多看一些美术作品，培养自己的审美感觉，个人的审美能力都是日积月累形成的，从学习渲染开始就要学会多观察美的事物，把学到的理论知识同生活中的实际情况相结合，这样才能做出好的作品。

第 14 章 渲染基础知识

14.1 Render Settings 概述

Render Settings 窗口（见图 14-1）是编辑分辨率、品质和图像或者动画的复杂度的主要界面。通过选择菜单栏 Window → Rendering Editors → Render Settings 命令（见图 14-1）或者单击快捷菜单中的 按钮进入该窗口（见图 14-2）。

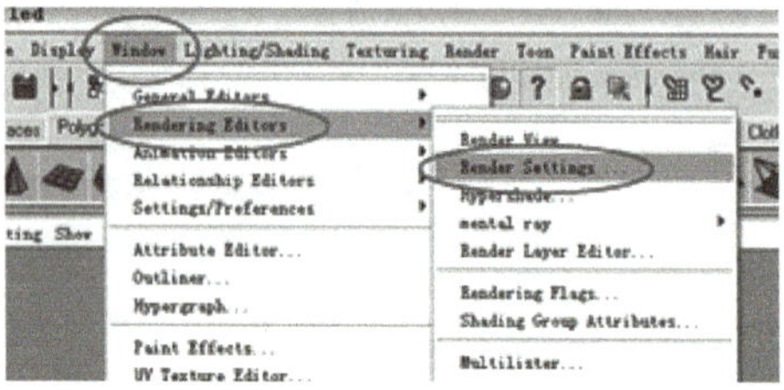

图 14-1 Render Settings 命令

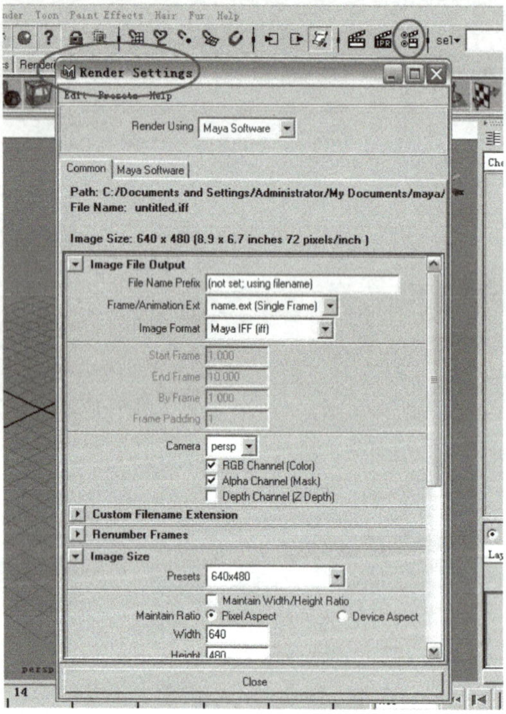

图 14-2 Render Settings 窗口

目前 Maya 的默认提供了 4 种渲染引擎（见图 14-3）：Maya 软件渲染器（Maya Software）、Maya 硬件渲染器（Maya Hardware）、矢量渲染器（Maya Vector）、Mental Ray 渲染器（mental ray）。还有其他引擎可以作为插件的方式加载入 Maya。

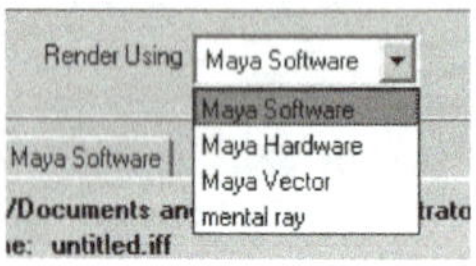

图 14-3 渲染引擎

Maya 允许用户在 Render Settings 窗口中选择一种渲染引擎进行渲染。Maya Software 是 Maya 默认的渲染引擎也是最常用的引擎，它可以捕获场景中几乎所有的东西，包括反射、运动模糊、透明度等。当然其他渲染引擎也可以为项目的最终效果提供更多的灵活性。

14.2 Render View 窗口

Render View 窗口是测试渲染效果的重要窗口（见图 14-4），选择 Window → Rendering Editors → Render View…（见图 14-5）或者单击快捷菜单中的 按钮，当前场景会在这个 Render View 窗口里渲染。

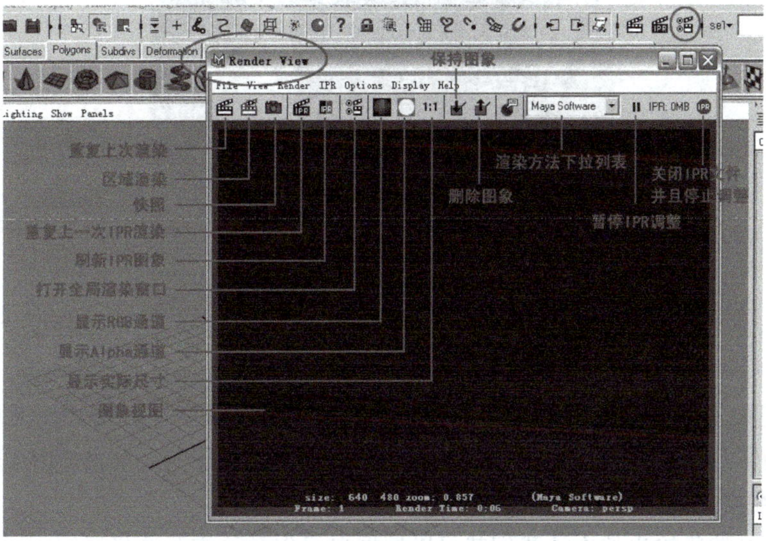

图 14-4 Render View 窗口

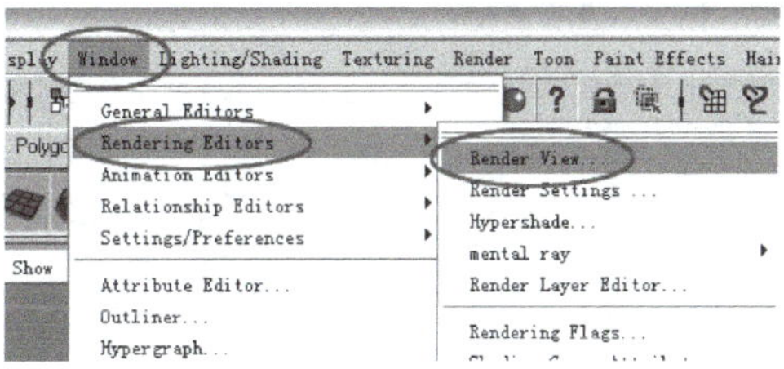

图 14-5 Render View 命令

Redo Previous Render（重复上一次渲染）：渲染最近一次渲染的视图面板。在预览渲染中该命令是最常用的。

Render Region（区域渲染）：只渲染图片中被选中的部分。在 Render View 窗口中的图像里按住鼠标左键拖动出红色边框，即可渲染选中部分的图像。

Open Render Settings Window（打开全局渲染窗口）：打开 Render Settings 窗口，同第 13 章介绍的命令一个用途。

Display RGB Channels（显示 RGB 通道）：显示图像的全部颜色。

Display Alpha Channel（显示 Alpha 通道）：仅以黑白图像显示渲染的 Alpha 通道。

Display Real Size（显示实际尺寸）：把图像尺寸恢复为 100%，从而确保图像的正确显示。

Select a Render（选择渲染引擎）：用于选择渲染方式，这与在 Render Settings 窗口中选择渲染方法的作用是相同的。

14.3 静帧渲染和序列帧渲染

在渲染工作中可分为静帧渲染和序列帧渲染。

静帧渲染是指没有动画效果的单张图片渲染作品（如室内效果图等），如图 14-6 所示。

图 14-6 静帧渲染

序列帧渲染是渲染多张序列图片，这些图片命名是以数字序列形式，在后期软件中可以组成运动的影片，有些播放器也可以支持序列帧直接播放影片。一般 Maya 输出影片都是渲染输出 TGA 格式的序列图片，如图 14-7 所示。

有了这两种渲染输出的方法我们就可以根据自己作品的需要选择运用。

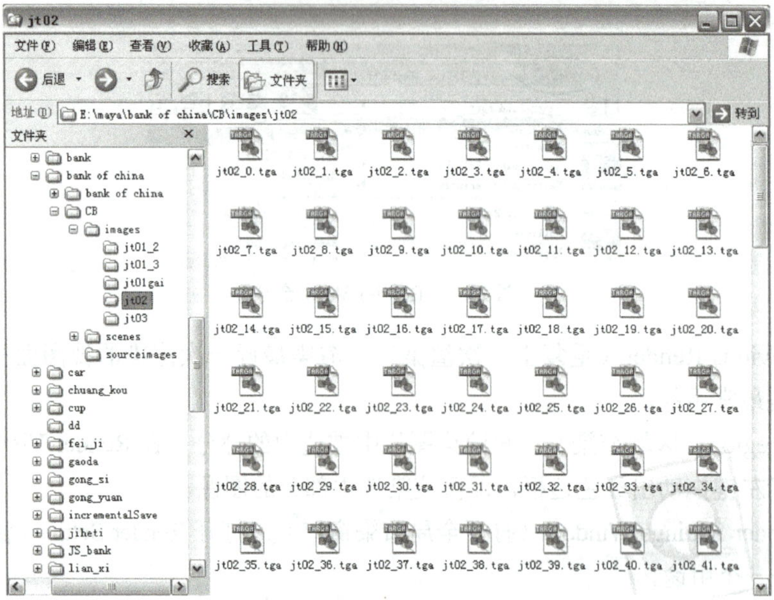

图 14-7 TGA 序列帧

14.4 静帧渲染的保存

静帧渲染的保存属于渲染输出部分的内容，每张静帧作品最后都需要将图片保存为 JPG

格式或者其他图片格式。为了方便学习下面的静帧渲染内容，特此将渲染输出部分中的这一小节内容提前进行讲解。

同样使用 Render View 窗口渲染，将渲染出的图片进行保存。可选择 Render View 窗口中的菜单栏 File→Save Image 命令，如图 14-8 所示。

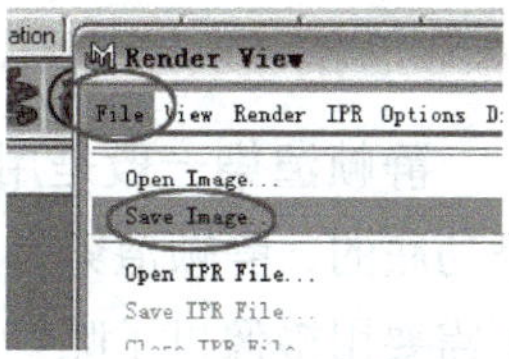

图 14-8　图片保存命令

14.5　工程目录在渲染中的用处

工程目录对渲染来说非常重要，三维动画需要的是团队合作，在制作过程中项目难免要被传来传去，制作的东西不可能完全只有一个文件，尤其是渲染这个模块，会有一些零碎的文件产生，那么用工程目录则是归纳项目有关文件最好的一个方法。如何创建工程目录已经详细做了介绍，下面就来看一下工程目录与渲染相关联的部分，如图 14-9 所示。

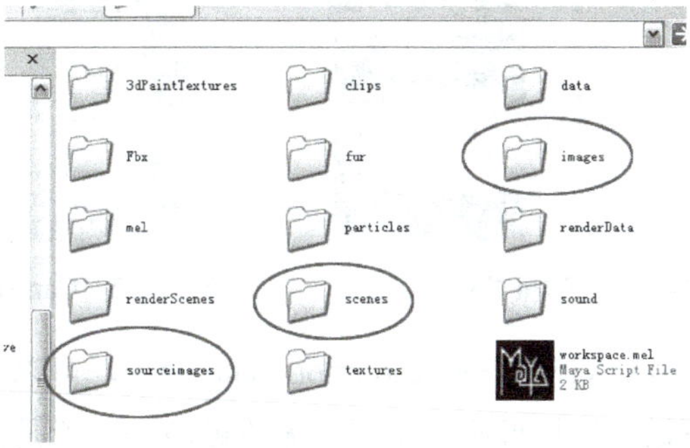

图 14-9　工程目录文件夹

整个工程目录中渲染常用的文件夹有三个：

1）scenes 文件夹：Maya 原文件的所在处。

2）sourceimages 文件夹：放一些材质贴图等需要导入 Maya 的图片。

3）images 文件夹：Maya 输出文件，比如静帧渲染的图片，动画渲染的序列图片等。

三维动画需要团队合作，既然需要合作那就不可能只用一台电脑完成制作，未完成的项目从一台电脑导入到其他电脑以后，有可能会产生纹理贴图丢失等问题。这个时候就可以体现建立工程目录的好处，在工程目录选项中有一个 Set Project 选项，可选择菜单栏中的 File→Project→Set Project 命令（见图 14-10），帮助重新确定链接文件。

图 14-10　重新连接工程目录

14.6 静帧渲染中的摄像机

静帧渲染一般是用一张图片、一个角度来展示作品的意义，通常静帧渲染是最考究渲染功底的。静帧渲染是直接在模型上制作渲染，跳过了动画这一环节。那是不是没有动画就不需要用摄像机了呢？当然不是，摄像机不但对动画来说很重要，对静帧渲染来说也起着至关重要的作用，在静帧渲染中摄像机可以起到构图和表现画面的作用。

下面是做静帧渲染时摄像机的基本操作步骤：

1）选择菜单栏 Create → Cameras → Camera 命令，创建摄像机如图 14-11 所示。

2）选择 Panels → Perspective → Camera1 命令，进入刚创建的摄像机 Camera1 的摄像机视角，如图 14-12 所示。

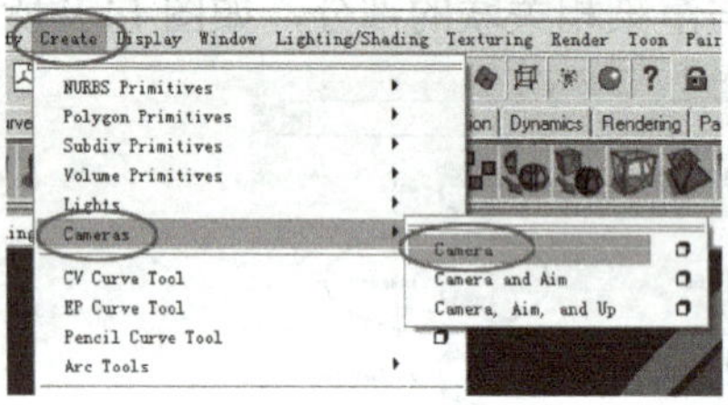

图 14-11 创建摄像机

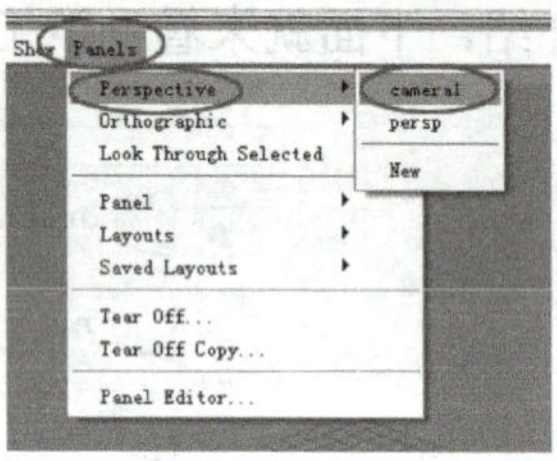

图 14-12 Camera1 摄像机视角

3）选择 View → Camera Settings → Resolution Gate 命令，可以开启该视角的摄像机安全框。若选择 No Gate 则不显示该摄像机安全框。无论做渲染或者是做动画，只要涉及摄像机则必须开启摄像机的渲染安全框，在框内的东西是可被渲染的，而框外的是不可被渲染的，如果没有这个安全框就很难判定物体在镜头中的准确位置，如图 14-13 所示。

渲染安全框开启后屏幕上显示画面（见图 14-14），绿色的框就是渲染安全框，框内的东西将会被渲染出图片。上方的一组数字 640×480 是渲染出的图片尺寸，可以在渲染全局设置中进行修改。下方的 Camera1 是指该摄像机的名字，摄像机名可以在大纲里进行修改。

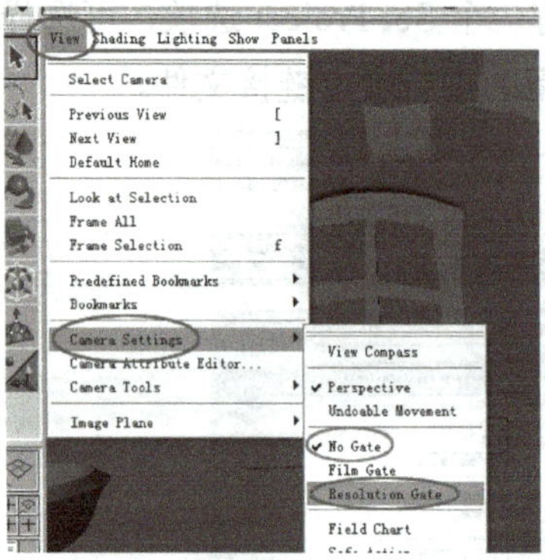

图 14-13 摄像机的渲染安全框命令

图 14-14 摄像机的渲染安全框

4）锁定摄像机的位移和旋转，在静帧图片作品中是不需要动画的，所以摄像机只要固定一个角度就可以了。在 Maya 中，摄像机的移动是不被记录的，返回上一步操作对于摄像机来说是没有作用的，将定好位置的摄像机给锁定是最好的选择。

在大纲或者是自由视图中选中要锁定的摄像机，在右边的属性栏里找到位移和旋转的参数并右击选中 Lock Selected 命令就可以锁定所选中的参数，Unlock Selected 命令是解开锁定的参数，如图 14-15 所示。

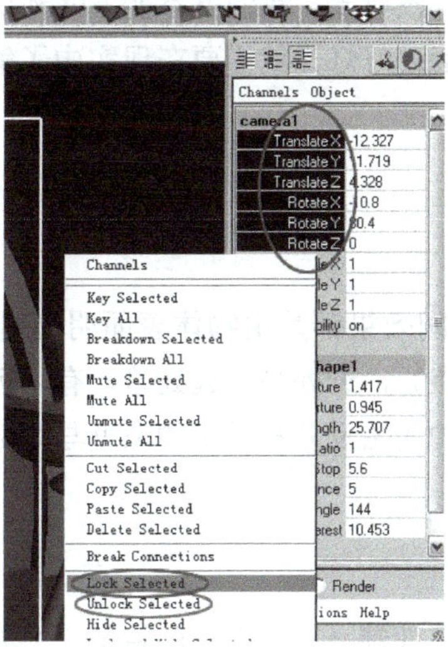

图 14-15　参数锁定命令

14.7　小结

本章节主要的目的是初步认识渲染的基础知识，分清楚两种渲染所达到的效果是什么。重点是要了解工程目录在渲染中的用处和静帧渲染中的摄像机这两个小节的内容，因为这些内容和实际操作息息相关，是在实际运用中总结出的经验，做静帧渲染按照这两个步骤的顺序做下去可减少很多不必要的麻烦。

第 15 章 光

光是地球生命的来源之一。光是人类生活的依据。光是人类认识外部世界的工具。光是信息的理想载体或传播媒质。没有光，我们就不能方便地认识这个世界。同样在三维世界中光也是灵魂。想要在三维中运用好灯光就需要在现实中了解光。

15.1 光的物理性

1. 光的物理表现

我们生活中所感觉到的空间效果都是由物体表面明暗对比产生的，光的明暗程度分亮部（高光）过渡区和暗部（死点），近处亮、远处暗，有了远近关系，才有空间感觉。布光的目的就是要恰当地控制物体的明暗反差和投影的浓度与个数，这些与物体表面的材质表现关系极大。

2. 光的物理特征

世界上能看到、感觉到的东西都会有它自己的特征，光有五大物理特征：

（1）光的直线传播属性（见图 15-1） 光线在同一种密度均匀的介质中是按直线传播的。

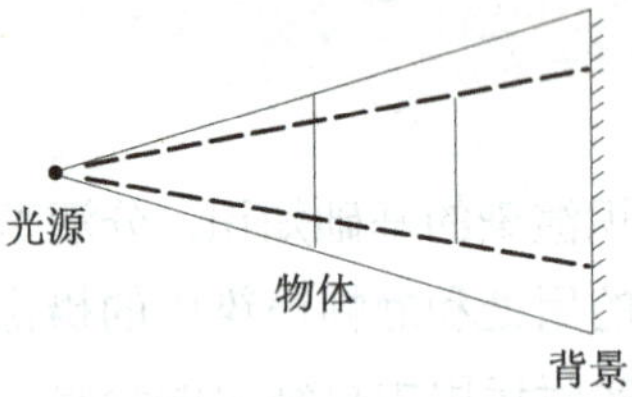

物体离光源越近，其阴影也越大

图 15-1 光的直线传播属性

（2）光的反射属性（见图 15-2） 光照射到物体表面时，一部分光会被物体吸收，另一部分光会被物体表面反射（这部分光进入我们眼睛时，我们就对物体有了感知）。

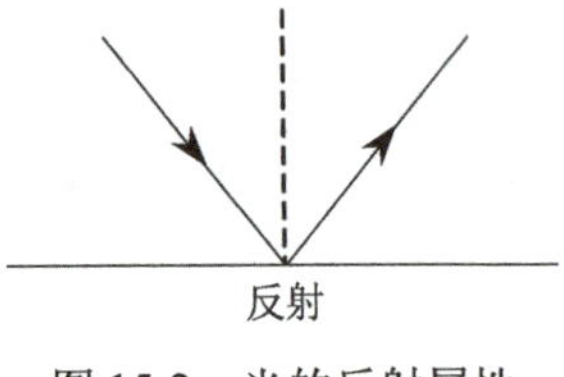

图 15-2 光的反射属性

（3）光的折射属性（见图 15-3）光从一种介质进入另一种介质，光的传播路线就会发生改变。折射光线位于入射光线和界面法线所决定的平面内，折射光线和入射光线分别在法线两边。

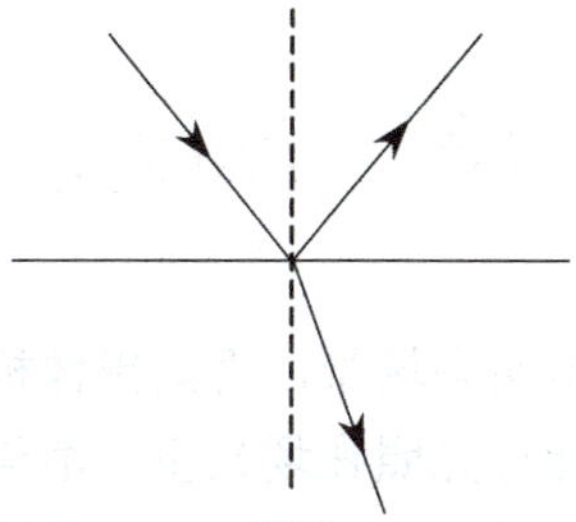

图 15-3　光的折射属性

（4）光的衰减　光线在传播过程中有发散和能量减弱的功能。灯光照明在超出了一定范围后，效果就会变弱。

（5）光的颜色　光是有颜色的，光具有波粒二相性。可把光看作波。光的粒子学说认为光的能量以小包（量子，也就是光子）的形式传播，根据波的不同排列成一个电磁光谱，我们能看见的是光谱中一小段可见光，而可见光又因为波长，会展现出不同颜色，这些颜色在一起就是白色光。物体的颜色是因为不同的物理属性，其反射光反射在物体上的颜色。

15.2　光的质感

从物理方面理性地分析了光之后，下面我们从感性的方面来继续认识光。光跟我们的生活是密不可分的，而将这种密不可分的东西在三维场景中模拟出来，就需要我们对光能够有透彻的了解。

光从分散性来讲可以分为硬光和柔光。硬光具有极强的方向性，并且会投下轮廓分明的暗影。这类光源发自太阳、聚光灯和其他密集型光源。相反柔光具有散射性和无暗影的特征。这类散射光发自大面积光源和阴霾的天空。

不同的光会带有不同的色彩倾向，带有暖色倾向的光叫暖光源，一般能烘托出温暖的环境，给人舒服安心的感觉。制作室外光源时大多也采用暖光，模拟太阳的温暖感觉。带有冷色倾向的光叫冷光源，一般给人以冷清、理智、清醒的感觉，它同暖光源给人的温暖、热情、浪漫，形成了强烈的对比。在作品中正需要以这种对比来体现作品中的内涵。

15.3　小结

本章节主要从多方面去了解光。在渲染中总会强调光是渲染的灵魂。如果将一个作品中的光质感、冷暖关系、光影效果都处理得恰到好处，那么这个作品可以说就成功一半了。光可以烘托气氛，突出环境的空间感。

第 16 章 Maya 灯光

使用灯光的最基本的出发点是明亮场景，否则摄像机什么都捕捉不到。虽然场景的照明工作看上去相当容易，只需要让灯光照在场景里、渲染场景即可，然而事实远非如此。Maya 的照明系统集成了照相和电影摄制中使用的直接照明技术，各种类型的光源被放置到场景周围，从而照亮场景中的静物或者是肖像等物体。场景本身及其内部的物体在一定程度上决定了要使用什么类型的光源，而光源的类型选择则主要取决于要达到的效果。

16.1 Maya 灯光的概述

Maya 提供的光源类型包括环境光、平行光、点光源、聚光灯、面积光、体积光这 6 种灯光，它们各自有各自的长处，不同的氛围可选择不同的灯光搭配来烘托，下面介绍一下各种光源的特点：

（1）环境光（Ambient Light）

环境光能够从各个方向均匀地照射场景中的所有物体。环境光可以模仿方向光的联合（如太阳和灯）。环境光可以投射阴影，但是只有光线追踪阴影。

（2）平行光（Direction Light）

平行光是用来模拟一个非常遥远的光源。此种光源提供的光线都是平行的，从一个方向指向另一个方向。平行光可以模拟日光，但是平行光没有衰减。平行光的光线是平的，所以它投射的阴影也是平的。

（3）点光源（Point Light）

点光源是从一点开始，放射状地向四面八方均匀散射。点光源通常用来模拟灯泡。点光源的光线是发散的，所以它投射的阴影也是发散的。

（4）聚光灯（Spot Light）

聚光灯是具有方向性的灯，光线从光源发射，并以圆锥的形状和方向向外扩散，圆锥的锥角大小可以通过属性参数控制。聚光灯是我们常用的灯光。聚光灯投射的阴影是发散的，发散的角度跟聚光灯与被摄体的距离和锥角的大小有关。

（5）面积光（Area Light）

面积光是一个二维的面积光源，它的亮度不仅和强度有关，还和它的面积大小直接相关。面积光一般用来模拟窗户射入的光。面积光如果用深度贴图阴影的话，那么其阴影相对其他类型的灯光没有什么改进，想要得到真实的阴影还是用光线追踪阴影。

（6）体积光（Volume Light）

体积光是一种比较特殊的光，它给灯光的照明空间约束了一个特定的区域，只对这个空间内的物体有照明效果，对之外的物体没有照明效果。一般用来模拟激光、舞台灯光等特殊效果。

16.2 Maya 灯光的创建及基本操作

在了解了 Maya 灯光的基本常识之后，通过实际操作可以更加深刻地体会灯光之间的不同。Maya 灯光的建立很简单，同上述介绍的摄像机创建基本相同，选择菜单栏中的 Create → Lights 命令，如图 16-1 所示。

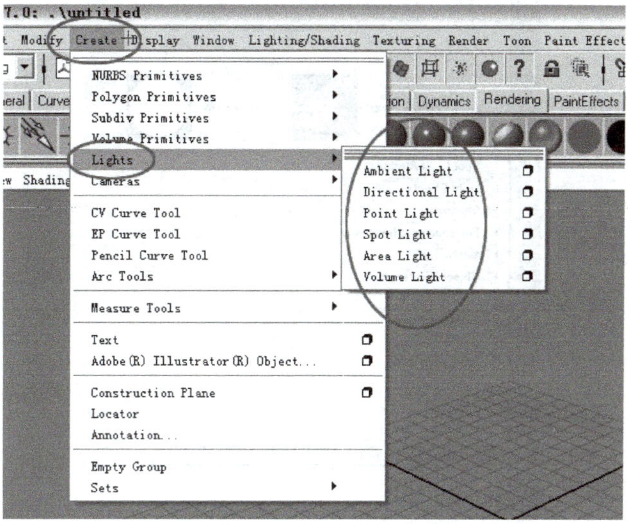

图 16-1 灯光的创建命令

还有一个常用而方便的创建方式，就是直接在工具架上的 Rendering 工具架中点击想要进行创建的灯光图标，如图 16-2 所示。

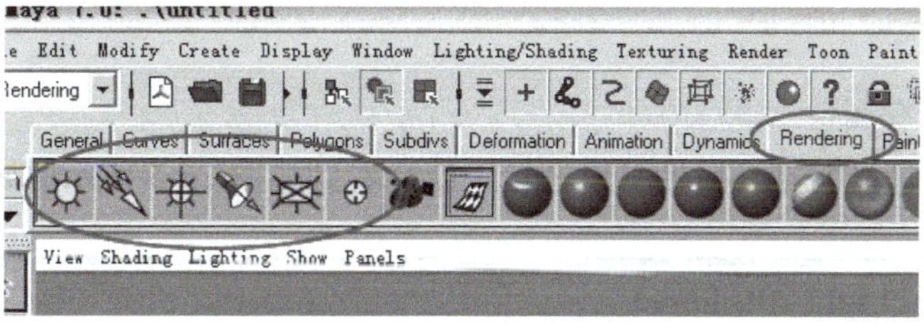

图 16-2 渲染工具架中的灯光创建命令

创建好灯光后，可以进入灯光视图对灯光位置进行调整，如图 16-3 所示。一般调整聚光灯照射位置的时候都会进入灯光视图进行调整，这样会比较直观。

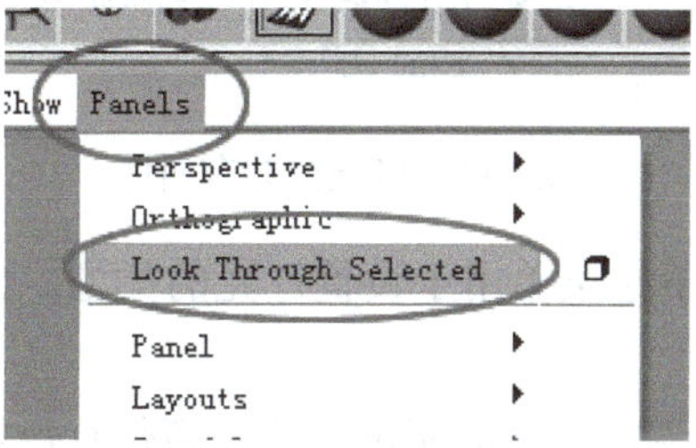

图 16-3 灯光视图

每个灯光都有其属性，在选中所需要编辑的灯光后，按 <Ctrl+a> 键，界面的右边就会出现属性窗口，如图 16-4 所示。

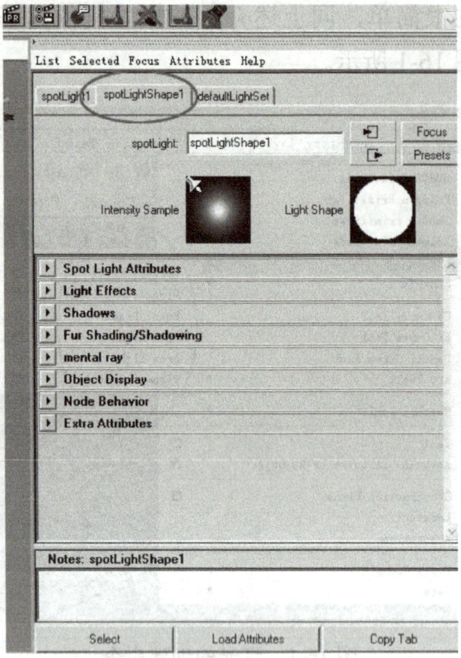

图 16-4 聚光灯属性窗口

16.3 灯光的基本属性

（1）灯光的共有属性

选择任意一种灯光并打开属性窗口之后，就会看到如图 16-5 所示的属性和选项。

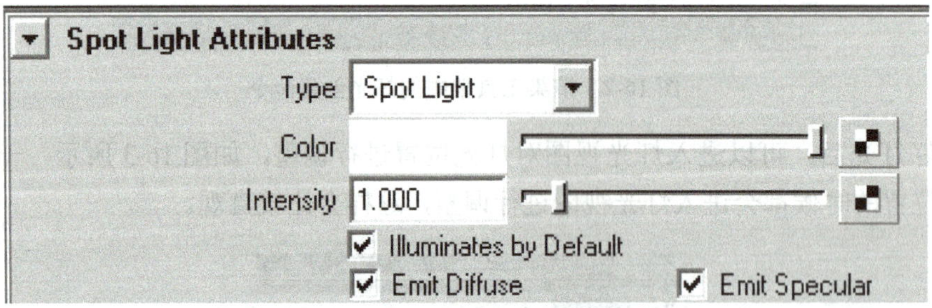

图 16-5 灯光的共有属性

1）Type（类型）：这个下拉菜单用于设置灯光的类型。方便使用过程当中对灯光类型的修改。

2）Color（颜色）：可以调节灯光的颜色，使光源带有色彩倾向，方便烘托场景气氛。

3）Intensity（亮度）：数值越大，灯光越亮。当数值为负时，具有吸光作用。

4）Illuminated by Default（照明）：这个复选框用于控制灯光链接，默认是勾选的，勾选以后灯光会照亮场景，无勾选状态灯光将不照亮场景。

5）Emit Doffuse（漫反射）：这个复选框用于控制灯光的漫反射。

6）Emit Specular（高光）：这个复选框用于控制灯光的高光。

（2）灯光的特殊属性

除了上述共有的灯光属性外，每一种类型的灯光都还有自己的特有属性，只有这些特有属性才能控制每一种类型灯光的特有功能。

1）环境光（Ambient Light）。环境光的特殊属性如图 16-6 所示。

Ambient Shade（平行光与环境光的比率）：当数值为 0 时，光束来自所有方向；当数值为 1 时，光束来自灯光所在的位置，仅适用于环境光。

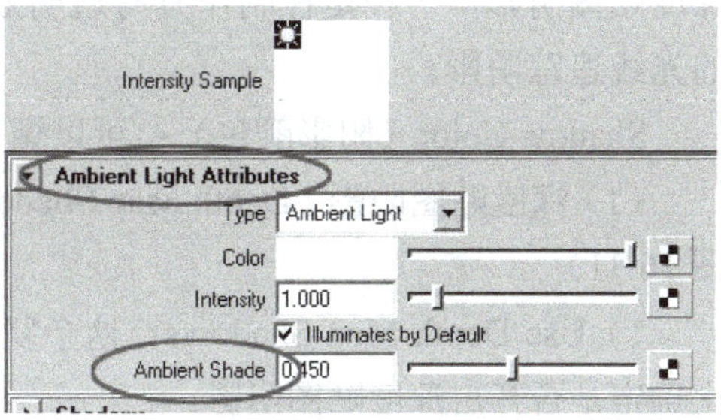

图 16-6　环境光的特殊属性

2）平行光（Direction Light），无特殊属性。

3）点光源（Point Light）。点光源的特殊属性如图 16-7 所示。

①Decay Rate（衰减）：亮度随着物体的距离增大而减弱。

点光源（Point Light）、聚光灯（Spot Light）和面积光（Area Light）都有此属性。

②No Decay（无衰减）：灯光可达到所有范围。

③Linear：灯光的亮度随着距离（比真实灯光稍慢）直接（线性）减弱。

④Quadratic：灯光的亮度随着距离（与真实灯光相同）按比例（二次方）减弱。

⑤Cubic：灯光的亮度随着距离（比真实灯光稍快）按比例（三次方）减弱。

4）聚光灯（Spot Light）。聚光灯的特殊属性如图 16-8 所示。

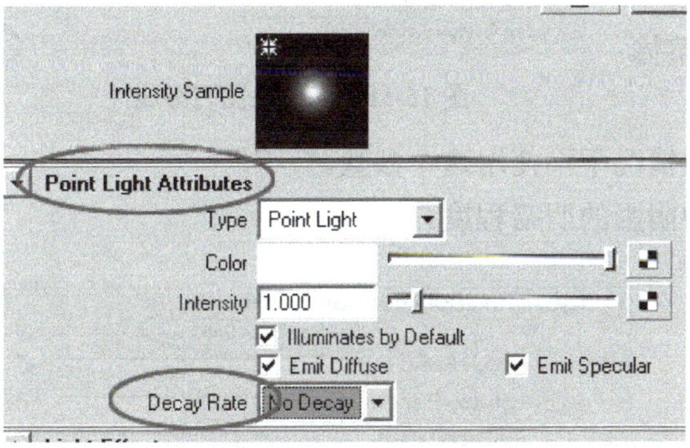

图 16-7　点光源的特殊属性

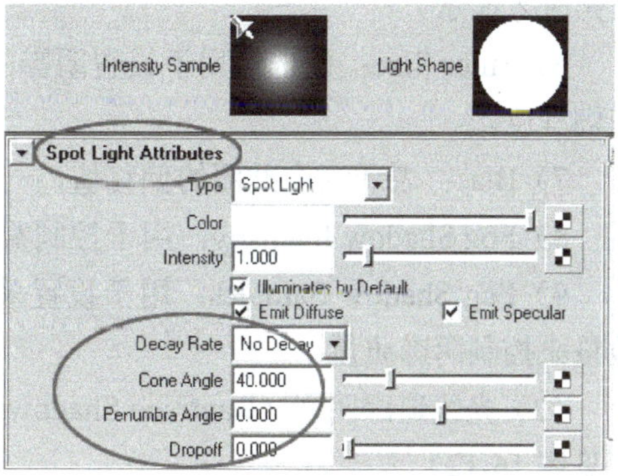

图 16-8　聚光灯的特殊属性

①Cone Angle：聚光灯的角度范围（单位为度）。

②Penumbra Angle：在边缘将光束强度以线性方式衰减（单位为度）。

③Dropoff：从中心到边缘减弱的速率。

5）体积光（Volume Light）。体积光的特殊属性如图 16-9 所示。

①Light Shape：体积光的形状。可以选择球型、方形、圆柱形和锥形。

②Volume Light Dir：体积光来光方向。可以选择灯光方向从中心到四周，或从四周到中心。

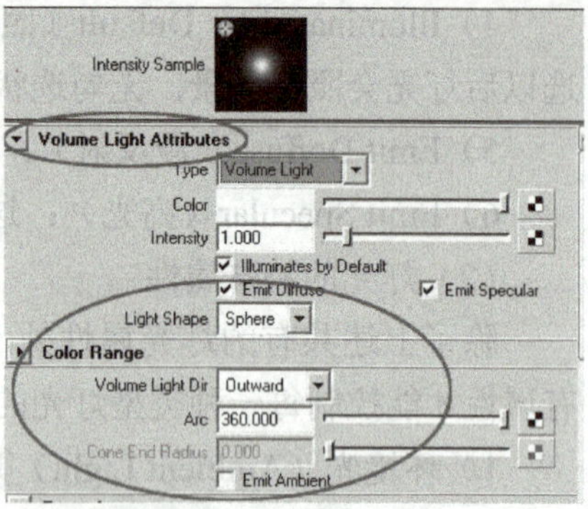

图 16-9　体积光的特殊属性

16.4　灯光的阴影属性

现实中只要有光，物体就有影子，有了影子才有重量感，这点 Maya 当然也可以做到，如图 16-10 所示。在 Maya 中投射阴影的方式分为两种，一种是最常用的深度贴图阴影，一种是在制作具有透明效果物体时使用的光线追踪阴影。

Shadow Color（阴影颜色）：可以调节阴影深浅，或者色彩倾向。

（1）深度贴图阴影（Depth Map Shadows）（见图 16-11）

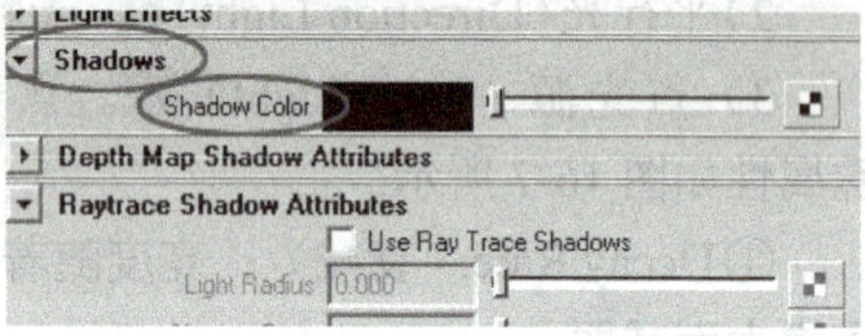

图 16-10　阴影属性

1）Use Depth Map Shadows：这个复选框是用来确定是否开启深度贴图阴影。

2）Resolution：此选项用于设置分辨率大小。

3）Use Mid Dist：表示是否使用中间距离深度贴图。

4）Use Auto Focus：表示是否使用自动深度贴图对焦距。

5）Focus：此选项用于设定深度贴图所对应的场景区域大小。（只有在不勾选深度贴图对焦时才显示）

6）Filter Size：此选项用于设置阴影的整体模糊程度。

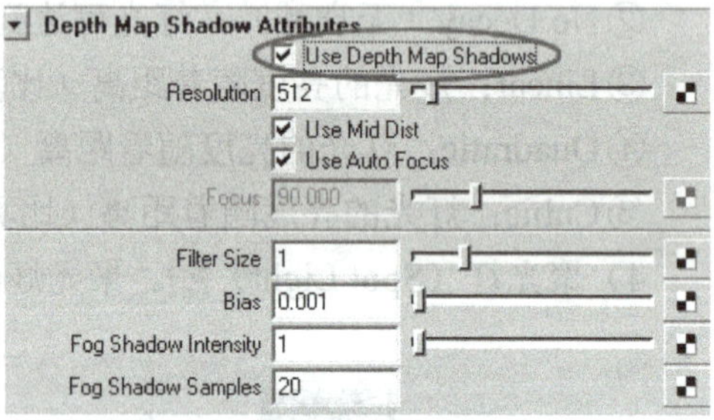

图 16-11　深度贴图阴影属性

7）Bias：表示深度贴图的偏移值，一般情况下不使用这个参数。

8）Fog Shadow Intensity：用于控制雾中阴影的明暗程度。

9）Fog Shadow Samples：用于设置采样数量来控制阴影质量。

（2）光线追踪阴影（Raytrace Shadows）（见图 16-12）

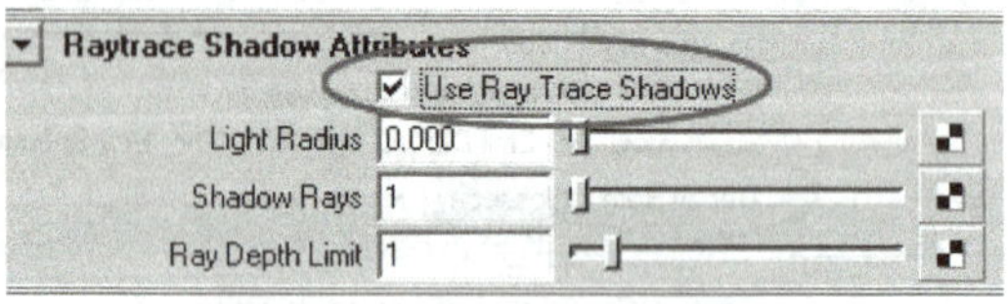

图 16-12　光线追踪阴影属性

1）Use Ray Trace Shadows：这个复选框是用来确定是否开启光线追踪阴影。

2）Light Radius：此选项用于设置颗粒大小。

3）Shadow Rays：此选项用于设置模糊程度。

4）Ray Depth Limit：此选项用于设置阴影反射次数。

这样只开启光线追踪阴影属性后是不是就能直接渲染出光线追踪阴影呢？当然不可能。

必须按照如图 16-13 所示的步骤将渲染全局设置中的光线追踪选项打开。

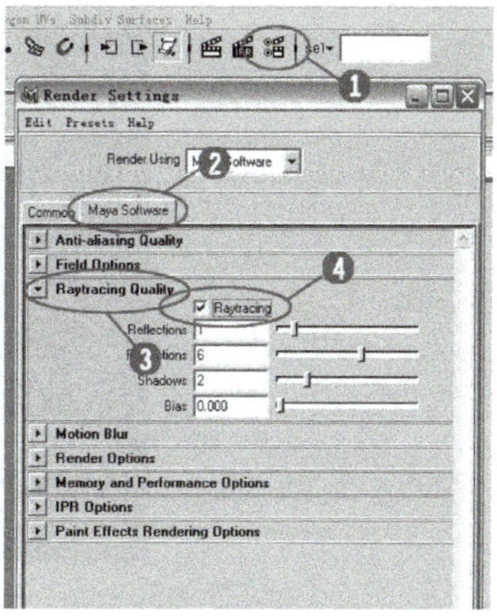

图 16-13　打开渲染全局设置中的光线追踪选项

16.5　三点照明法

三点照明法是三维软件中用光的一种基本方法，它简便易行，并且可以适用于很多类型的场景中，特别是静帧场景。事实上该方法被广泛使用于各个领域，例如摄影、电影电视等。下面将会比较系统和精确地讲解三点照明法的具体内容。

三点照明法很容易被误解为是一种使用三盏灯的方法，其实这么说并不准确，所谓的“三点”，实际上是指光在场景中所处的“角色”，每个角色都实现其特定的功能，并不是单纯地指三盏灯光，而是指灯光排放的位置，分别是：主光、辅光和背光。而每一种光可以是单独的一盏灯，也可以是由多盏灯所组成的灯光列阵。

（1）主光（见图 16-14）

主光负责物体的主要照明部分，并确定光照的主要角度。主光通常比照明物体的其他光要亮些，而且往往可以在场景中投射出最深、最清晰的阴影。

（2）辅光（见图 16-15）

辅光使主光形成的光亮部分变柔并延伸开，使物体的更多部分可见。它可以模拟场景中反射光源或次要光源的效果。辅光一般放置在物体的暗部，主要起到补光的作用，使得物体暗部细节能够展现出来。 123

（3）背光（见图 16-16）

背光也可以称作轮廓光，放置在物体的后面，用于形成一些光晕，从而在画面中突出物体，也就是让物体与背景产生更强烈的对比。

图 16-14　主光

图 16-15　辅光

图 16-16　背光

注意：辅光和背光的亮度不能大于主光的亮度。不要把背光和背景光混为一谈，背景光是负责照亮物体后面的环境。灯光的位置如图 16-17 所示。

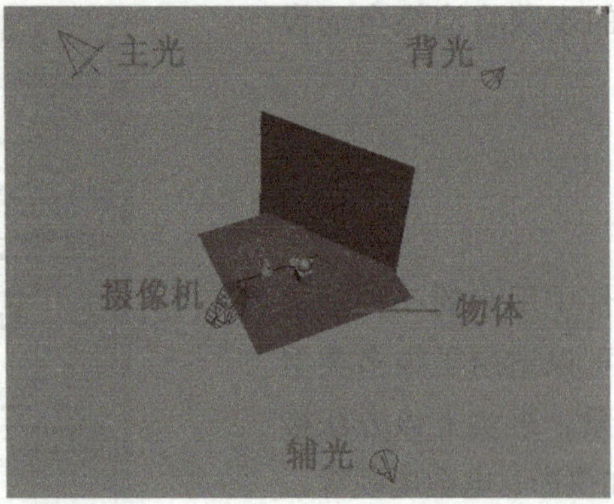

图 16-17　灯光的位置

16.6　灯光连接

在默认情况下，灯光将照亮场景中的所有物体，当创建一个新的物体时，场景中的所有灯光将照亮新的物体。有时为了达到特定的效果，需要单独为场景中的某些物体进行照明，同时又不希望影响到场景中的其他物体。在这种情况下，我们就需要使用灯光链接，只让某个（些）灯光对某个（些）物体起作用，这是计算图形中特有的灯光照明方式。

选择选项菜单中的 Window → Relationship Editor → Light Linking → Light-centric 命令，如图 16-18 所示。

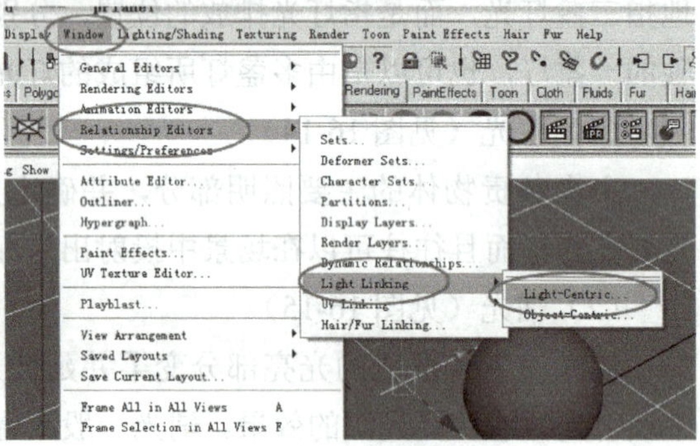

图 16-18　灯光连接命令

其中 Light Sources 部分放置的是场景中所有的灯光。

Illuminated Objects 部分放置的是场景中所有的物体。

在灯光连接窗口中与灯光连接着的物体呈灰色显示，未连接的呈白色显示，如图 16-19 所示。

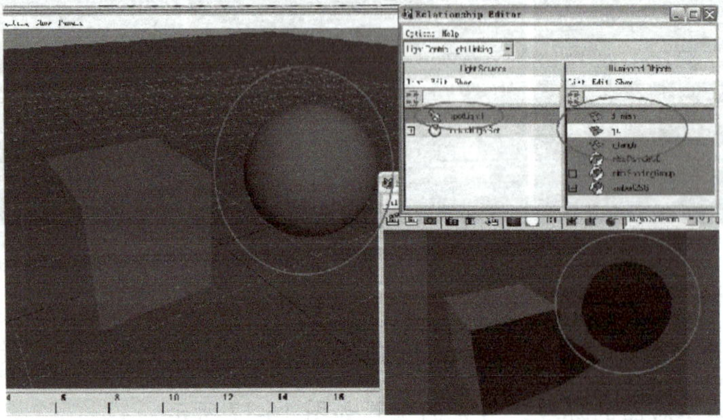

图 16-19　灯光连接窗口

16.7　灯光阵列

灯光阵列是由一系列的单个灯光组成的灯光集合。常见的灯光阵列有方形、菱形、钻石形、球形等。根据场景的需求还可以自行组织成自己需要的灯光阵列。

下面主要介绍球形灯光阵列的创建和使用，并且用这个球形的灯光阵列来模拟全局光。

1）创建一盏平行光，用缩放命令将它缩小一些；将灯光沿 Z 轴移动 15 个单位；再将灯光的坐标中心吸附到网格子中心；最后将 RotateX 的属性更改为 -6，这样底边的一圈平行光就不会跟地面平行了，如图 16-20 所示。

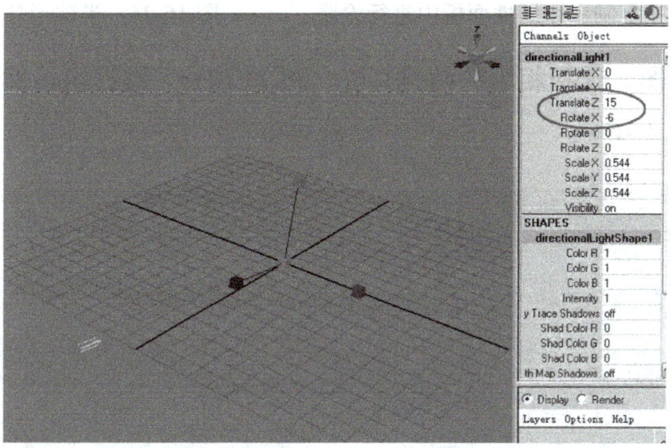

图 16-20　设置单个平行光

2）选择菜单中的 Edit → Duplicate 命令，打开复制命令的属性面板。在 X 轴上旋转 -28 个单位，复制的数量为 3，点选 Instance 关联复制选项，如图 16-21 所示。

单击 Duplicate 按钮进行复制。这样灯光就可以组成一个 90° 的圆弧了，如图 16-22 所示。

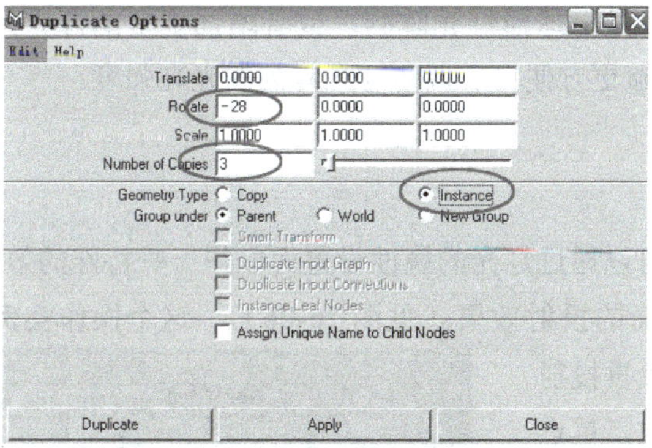

图 16-21　复制命令属性面板的设置

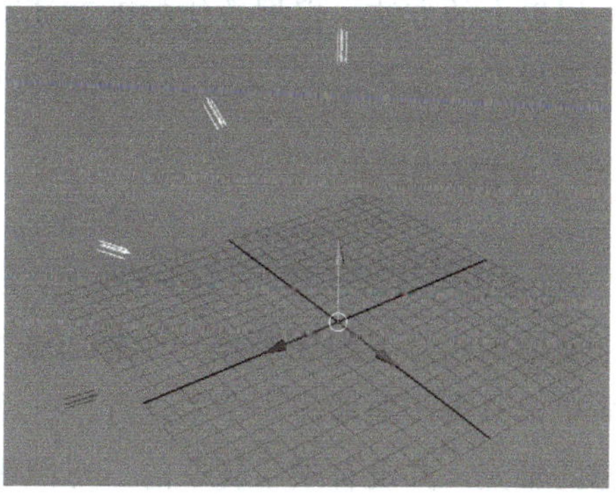

图 16-22　圆弧型灯光组合

3）选择除顶端以外的所有平行光，选择菜单中的 Edit → Reset Settings 命令，再次打开复制命令的属性面板，将属性面板里的属性全部还原成系统默认状态。然后再对其属性进行设置，在 Y 轴上旋转 60 个单位，复制的数量为 6，点选 Instance 关联复制选项，如图 16-23 所示。

单击 Duplicate 按钮进行复制。这样灯光就可以组成一个半球形了，如图 16-24 所示。

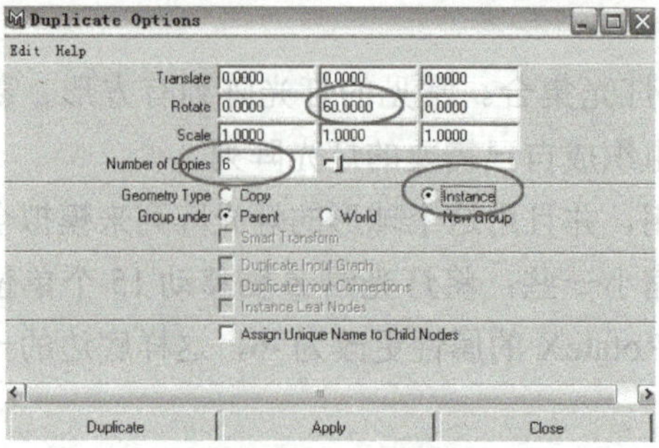

图 16-23　再次在复制命令属性面板中进行设置

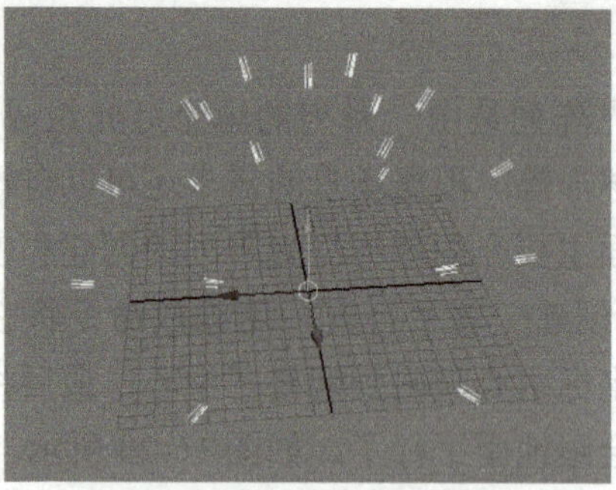

图 16-24　半球形灯光组合

4）切换到侧视图，选择相隔的两排灯光，按 <Ctrl+g> 键打组，然后在 Y 轴上旋转 30 个单位，如图 16-25 所示。

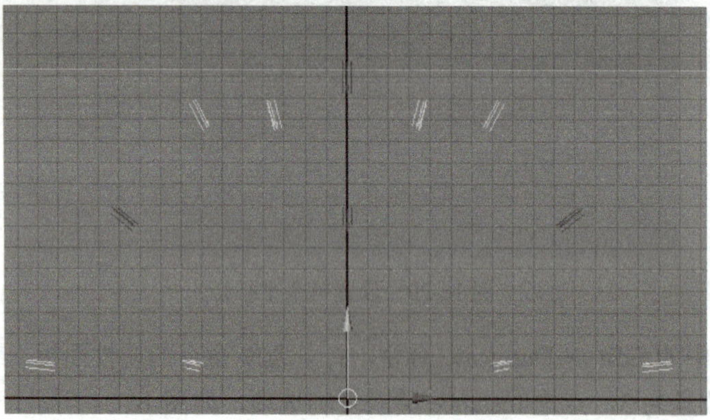

图 16-25　半球形灯光阵列

用以上的方法，根据数值的改变还可以做出球形灯光阵列，或者增加更多的灯光。在制作过程中点选 Instance 关联复制选项，能够更方便日后调节灯光阵列的光亮强度。

16.8　灯光贴图

Maya 中的灯光不仅可以用来照明，还可以通过灯光的属性设置而取得一些特殊的效果。

下面利用灯光贴图制作一个标志在墙面的投射效果（见图 16-26）。这个操作实例比较简单，只有一面墙，一个主光灯，一个负责投射标志的辅光，并没有采用复杂的三点照明法，重点放在如何将图片与灯光连接；如何调整灯光贴图的位置；如何处理灯光贴图的亮度而不影响主光源。特别要注意的是灯光贴图属于灯光特效，在场景中首先要做的是将灯光组合好，照亮场景，烘托场景气氛，无论是用三点照明法或是其他灯光组合，一定要在场景灯光打好的基础上再添加灯

图 16-26　最终效果图

光，制作灯光贴图。在后面的讲解中可以看到为了不影响场景灯光的亮度平衡（所谓亮度平衡就是三点照明法中提到的场景中所有辅助灯光的亮度和不得大于主光源的亮度），负责贴图的灯光亮度值将会是负值。

1）创建一盏平行光把墙照亮，如图 16-27 所示。在本例中主要是学习灯光贴图的使用方法，场景也很简单，所以只用一盏平行光作为主光源打亮场景。在复杂的场景中还会牵涉到同其他辅光的配合问题，灯光世界中光与光的配合是最重要的也是最难把握的，打灯光的时候要特别注意光与光之间的配合。

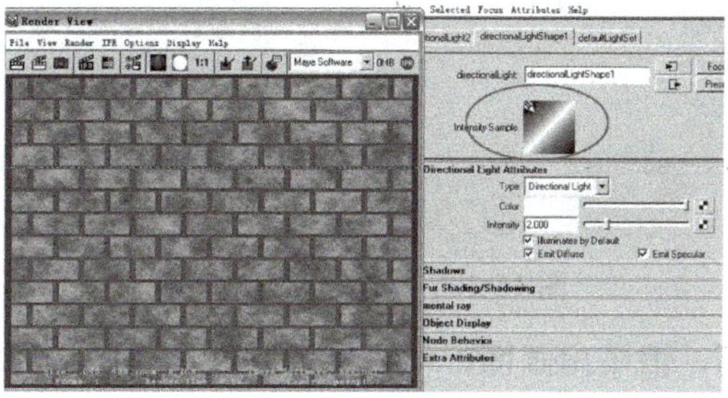

图 16-27 平行光照亮墙面

2）在主光源附近的位置加设一盏聚光灯，并在聚光灯的 Color 属性上连接标志图片，如图 16-28~16-30 所示。首先点击 Color 后面的黑白方格，然后在弹出的对话框里找到 File 节点，单击一下，Color 和 File 就连接上了，如图 16-28 所示。

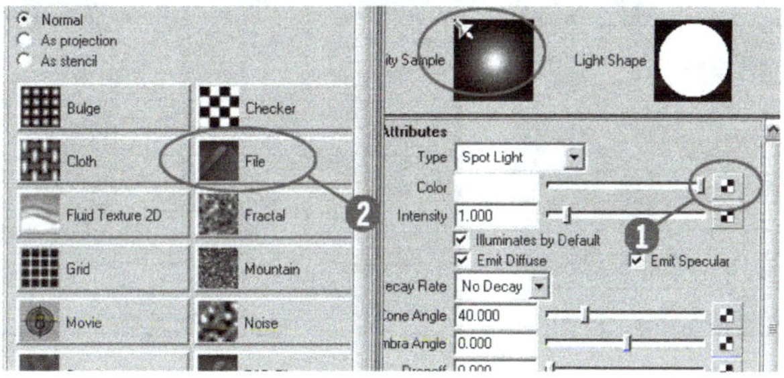

图 16-28 标志连接聚光灯 1

当 Color 和 File 连接了以后灯光属性窗口就会直接跳转成 File 属性窗口，这个时候我们需要点击如图 16-29 所示的文件夹标志，这样就可以将 File 和所需要投射的图片相连接。

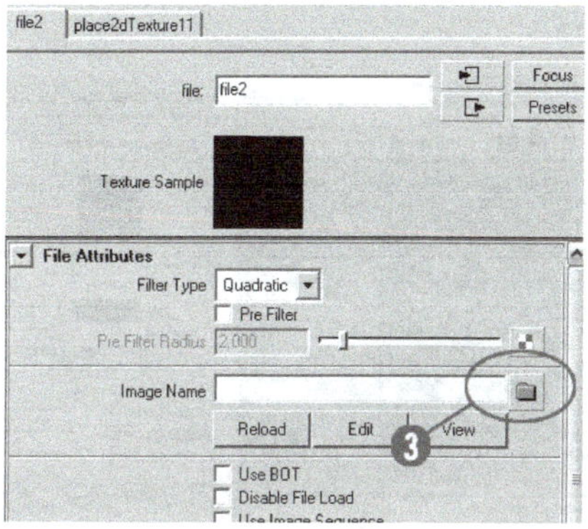

图 16-29 标志连接聚光灯 2

点击文件夹标志后就会弹出如图 16-30 所示的窗口。此时可以选择所需要的图片，点击 Open 进行最后的连接，这样就可以看到文件属性窗口里面文件夹标志下拉框中出现该图片的链接路径，上方也会出现所连接图形的缩略图。

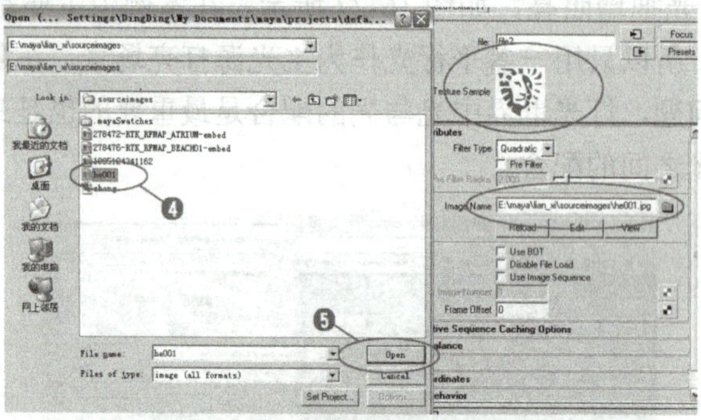

图 16-30　标志连接聚光灯 3

完成以上操作步骤后，渲染出画面，检查图片与灯光连接是否成功，如图 16-31 所示。

3）渲染出图片后可以发现标志是倒过来的，这个时候可以通过聚光灯的通道栏对 RotateZ 进行 180° 的旋转。旋转结果可以参考图 16-32 的左边。

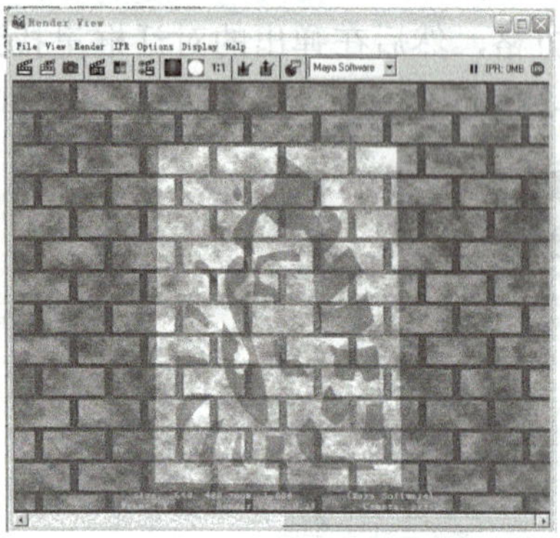

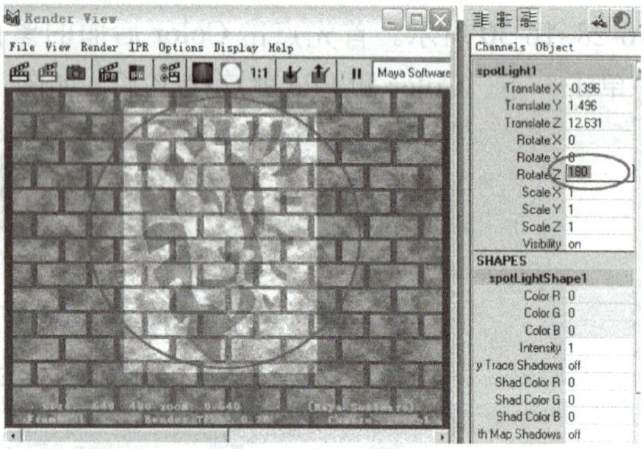

图 16-31　初次渲染检查连接　　　　图 16-32　将聚光灯旋转

4）以上操作步骤只是将图片投射到墙面上，效果并不自然，就好像打了一块补丁在墙面上，下面就要调整灯光和图片文件里的一些属性，让其达到自然的效果。首先将灯光亮度调整为负值，如图 16-33 所示。

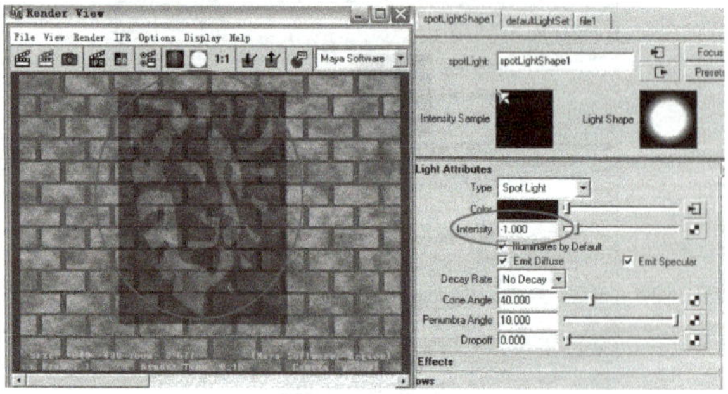

图 16-33　更改聚光灯亮度

5）当灯光变成负值后，贴图投射出的影子产生了很大的变化，这样的变化并不是正确的，那么如何来解决这一变化？其实只需进入 File 文件属性勾选 Invert 选项，Invert 勾选后产生的效果是将图片进行反相处理，勾选后的效果可以立刻从上面的缩略图中看出，如图 16-34 所示。

6）最终渲染如图 16-35 所示，保存图片。

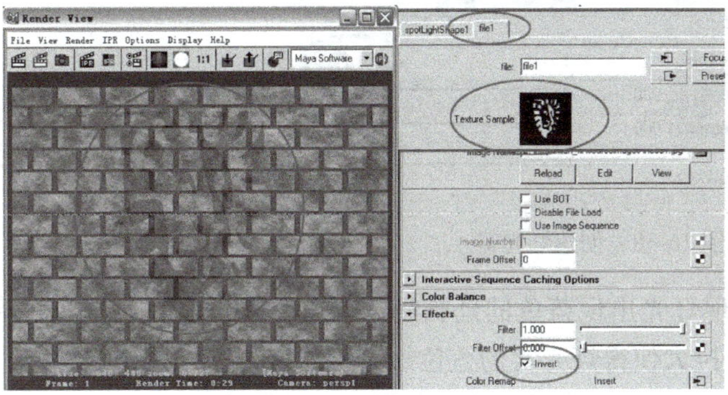

图 16-34　反相设置

图 16-35　最终渲染

以上已清楚地介绍了灯光贴图的制作步骤。灯光贴图是不是只可以投射标志呢？这一问题就需要大家在实际运用中多动脑筋更好地发挥灯光贴图这一灯光特效在制作中的用处。

16.9　灯光雾

灯光雾也属于一种灯光特效，通常可以模拟阳光射入屋内的光束效果。在特定场景中也可以起到烘托气氛的效果。

通过下面的小例子来介绍如何制作灯光雾效果。

1）建立场景，如图 16-36 所示。使小球离开平面一段距离，方便后面制作灯光雾的时候表达效果。

2）场景灯光建立好后渲染一张图片并保存在渲染器中，方便后面制作灯光雾后比较效果，如图 16-37 所示。

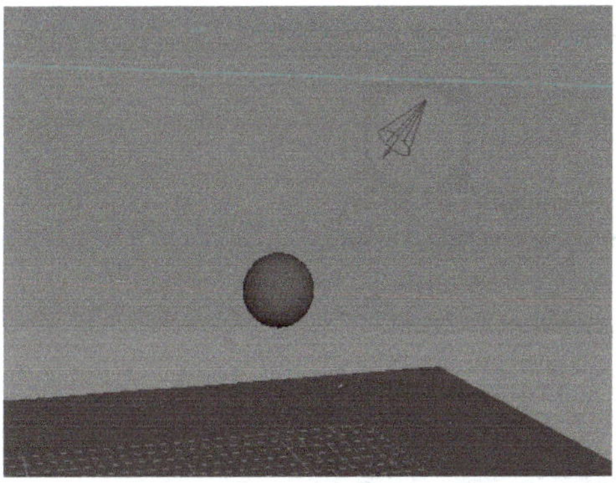

图 16-36　建立场景

图 16-37　渲染图片

3）在图 16-38 中的属性栏中找到 Light Effects 灯光特效属性栏，按照图中的顺序操作，点击 Light Fog 后面的黑白棋盘格创建灯光雾。

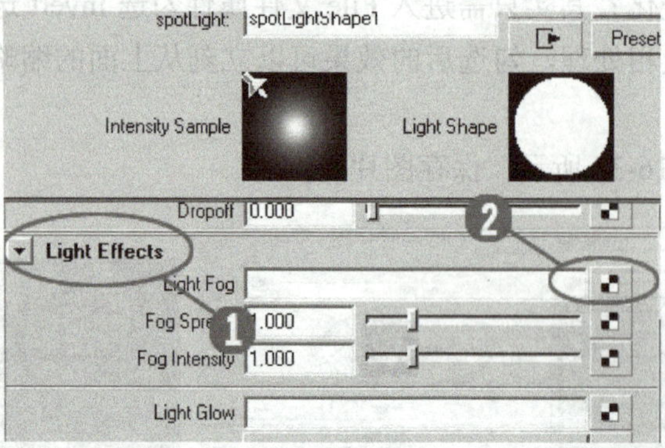

图 16-38　创建灯光雾

4）灯光雾创建完毕后，就会发现灯光出现蓝色的延长线，有这个延长线的地方就表示有灯光雾的照射，点击 <R> 键将灯光拉大使得灯光雾的蓝色线条将球包裹，如图 16-39 所示。

5）渲染出来的图片可以很明显地看出灯光雾的效果，如图 16-40 所示。

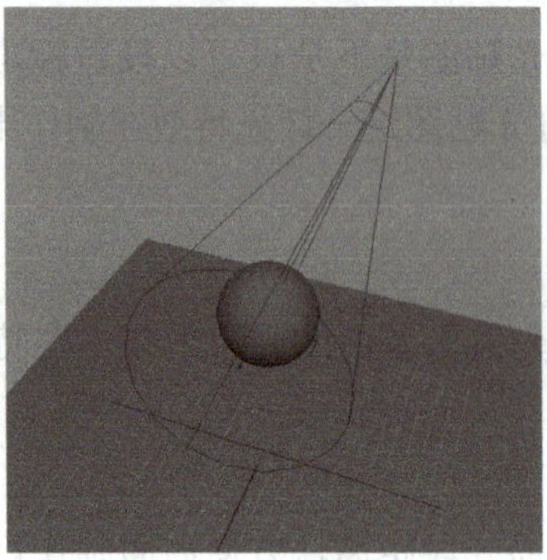

图 16-39　拉大灯光

图 16-40　灯光雾效果

6）在图 16-41 中，点击 Light Fog 后面的黑白棋盘格图标进入灯光雾属性对话框，可以通过编辑其属性来迎合我们的需要。在图 16-41 中还可以设置灯光雾的浓度（Fog Spread）、灯光雾的亮度（Fog Intensity）等属性。

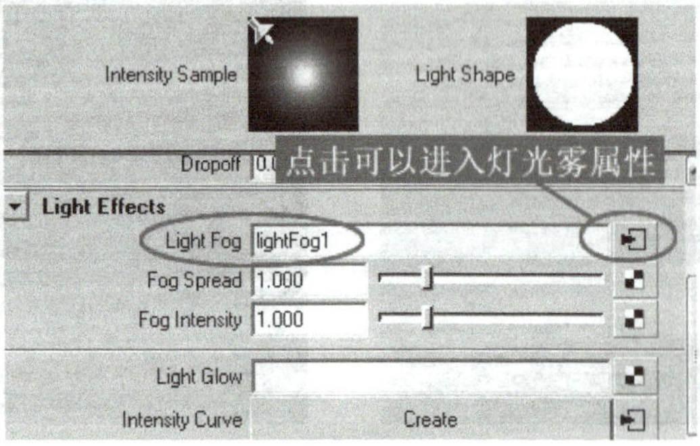

图 16-41　灯光雾属性设置

7）在如图 16-42 所示的灯光雾属性对话框中，可以设置灯光雾的颜色（Color）、雾的透明度（Density）等属性。

8）将灯光阴影功能打开，仔细观察灯光雾的变化，如图 16-43 所示。

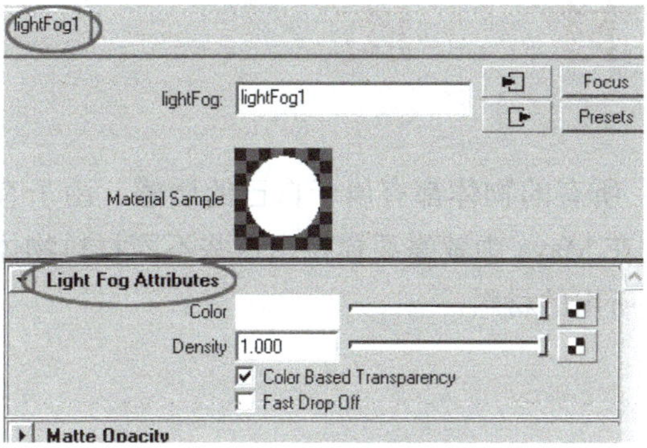

图 16-42　灯光雾属性对话框

图 16-43　灯光雾的变化效果图

16.10　小结

本章详细地介绍了 Maya 灯光的用法及参数设定，完整地讲解了三点照明法、灯光链接、灯光列阵等打光技巧。大家应课后多多练习，掌握这些技巧方法。

第17章 材　质

材质字面上的解释是材料和质感的意思，所有的物体都有属于自己的质感。由于有些复杂的物体需要很多不同的材料来制作，因此在 Maya 中就需要模拟出这些不同材料物体的不同质感，让人们只需用眼睛就可区分出物体所用的材料。

17.1 Hypershade 简介

Hypershade 编辑器主要是用来制作纹理、材质节点的。它是从 Maya 2.0 中引入的。它不仅交互显示菜单或者纹理的样子，还显示节点元素是怎样连接的。

选择 Window → Rendering Editors → Hypershade 命令，就可以打开 Hypershade 窗口，如图 17-1 所示。

在如图 17-2 所示的 Hypershade 界面的左边是 Visor 窗格，它包含材质球、2D 纹理、3D 纹理等。右边两块黑色区域，上面的称为视图窗口，这里面列出所有的材质。在默认情况下列出了 3 个材质：lambert1（几何体默认材质）、particleCloud1（粒子默认材质）和 shaderGlow1（物体发光材质）。下面的称为工作区域，在工作区域里可以为选用的材质球增加或删除节点。

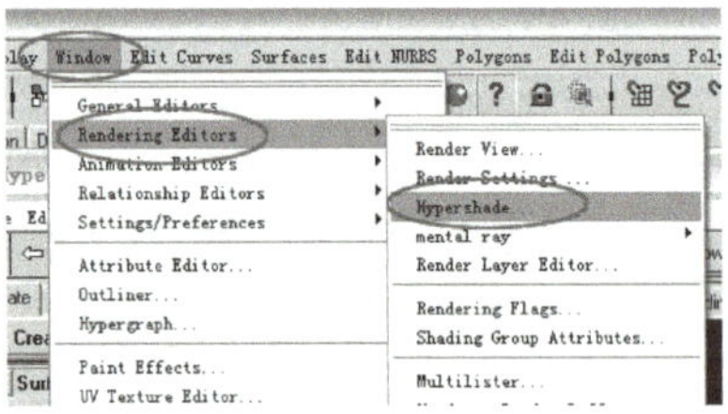

图 17-1　Hypershade 窗口

图 17-2　Hypershade 界面

如何将材质赋予给物体？下面讲解 2 种最常用的方式。

1）第一种方法适合给单个物体赋予材质。用鼠标中键直接将所需要的材质球拖到要赋予的物体上，这样的方式很快捷方便。

2）第二种方法适合给多个物体赋予材质。选择一个或多个物体，然后在材质球上单击鼠标右键，并按住拖动到如图 17-3 所示的 Assign Material To Selection 命令上，待它变为灰色松开鼠标键。

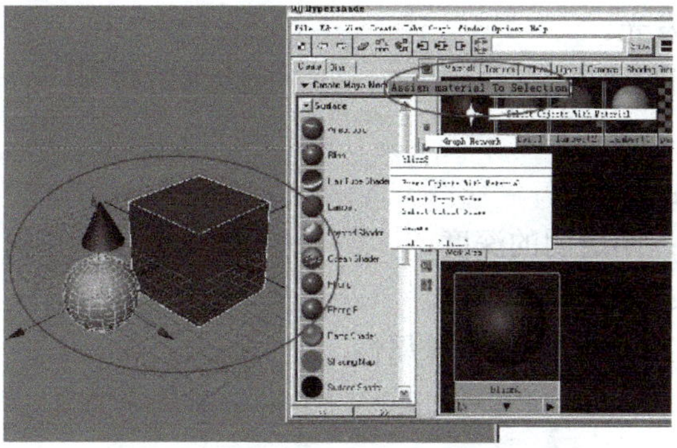

图 17-3　Assign Material To Selection 命令

注意：lambert1（几何体默认材质）这个材质球一般不要改变它的属性，所有创建出的模型系统将默认赋予此材质。

17.2　材质球基本属性与特殊属性

在 Hypershade 视图窗口或工作区域中双击材质球即可打开材质球的属性，材质球也跟灯光一样分基本属性和特有属性，基本属性是所有材质球都具备的属性。特殊属性出现于 Lambert 以外的材质球上，多为控制物体的高光属性。

1）图 17-4 所示为 Lambert 材质球的基本属性。

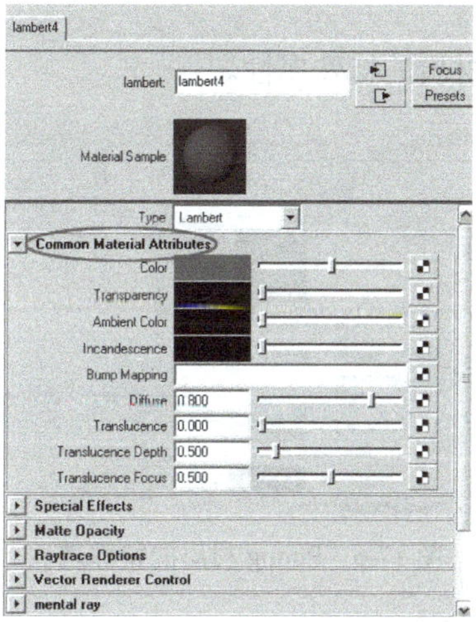

图 17-4　材质球的基本属性

Lambert 材质球的基本属性包括：

Type：类型。

Color：颜色。

Transparency：透明度。

Ambient Color：环境色。

Incandescence：自发光。

Bump Mapping：凹凸通道。

Diffuse：漫反射。

Translucence：半透明。

Translucence Depth：半透明的深度。

Translucence Focus：半透明的焦点。

2）图 17-5 所示为 Blinn 材质的特殊属性。

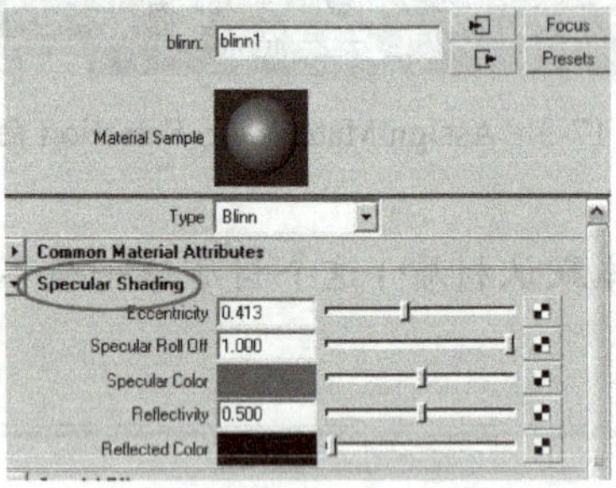

图 17-5　Blinn 材质的特殊属性

Blinn 材质的特殊属性包括：

Eccentricity：高光大小。

Specular Roll Off：高光强弱。

Specular Color：高光颜色。

Reflectivity：反射值。

Reflected Color：反射颜色。

3）图 17-6 所示为 Phong 材质的特殊属性。

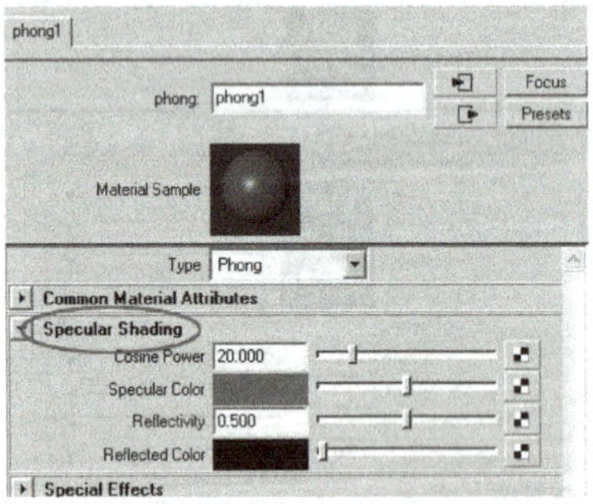

图 17-6　Phong 材质的特殊属性

Phong 材质的特殊属性包括：

Cosine Power：高光大小。

Specular Color：高光颜色。

Reflectivity：反射值。

Reflected Color：反射颜色。

以上主要介绍了三种材质，这三种材质是最常用的材质。普通物体质感分两大类，一种是表面粗糙没有高光的物体，这样的物体用 Lambert 材质制作即可。一种是表面光滑，有很强的高光和反射，这样的物体就需要用到 Blinn 材质或者是 Phong 材质。

17.3 金属材质

金属材质和玻璃材质的东西在生活中是经常出现的，那么在 Maya 中也自然经常用到。如何制作好金属和玻璃材质是本节学习的重点，即在金属和玻璃制作过程中如何调节材质球的属性。金属球效果图如图 17-7 所示。

1）除了调节材质的属性以外，环境反射也起到非常重要的作用，这个是特别需要注意的。若要得到反射效果，就必须开启渲染全局设置中的光线追踪选项，如图 17-8 所示。

图 17-7　金属球效果图

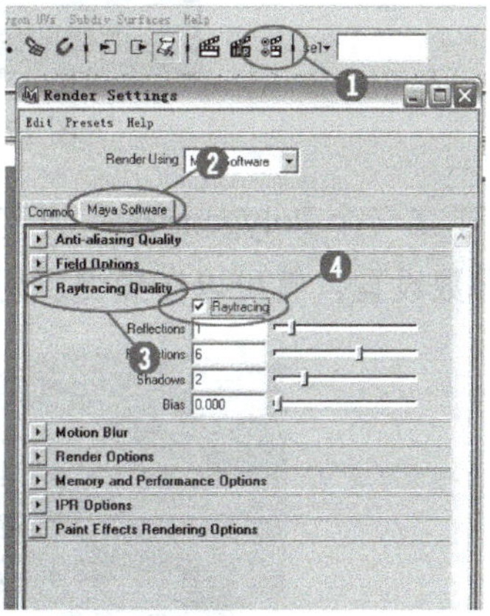

图 17-8　渲染全局设置中的光线追踪选项

2）光线追踪选项开启，灯光打好后，开始确定材质球。金属是有高光和反光的材质，那么就应该选择 Blinn、Phong 等带有高光的材质球，如图 17-9 所示。

3）下面介绍使用 Blinn 材质做金属球，如图 17-10 所示。

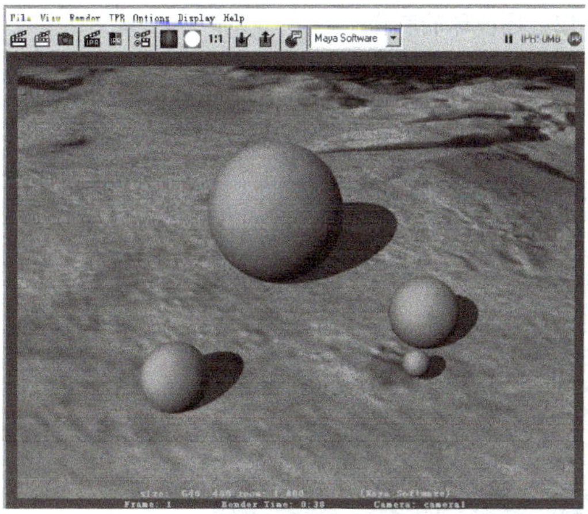

图 17-9　选择带有高光的材质球

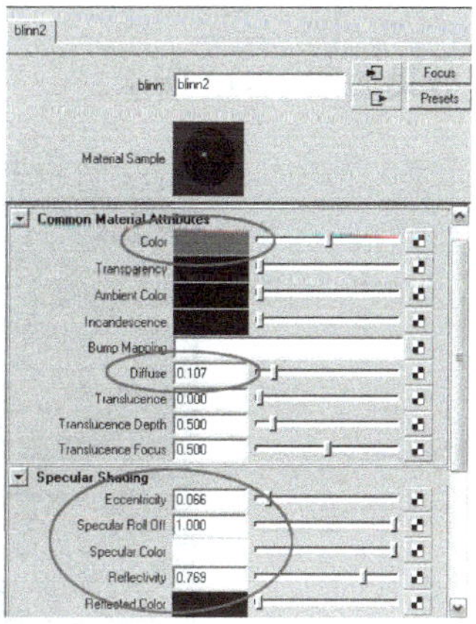

图 17-10　Blinn 的属性参数调整

图 17-11 所示为上了金属材质的渲染效果图。从图中仔细研究后不难看出金属球上的细节还不够，这时候就需要用到环境球。

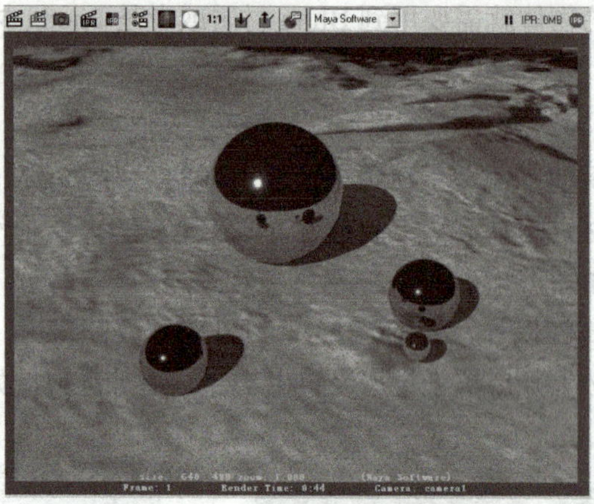

图 17-11　上了金属材质后的效果

4）建立一个 Polygons 球，将需要反射的环境贴图直接赋予球体，然后按照如图 17-12 所示的参数设置，就可以在接受反射的同时不会将环境球模型渲染出来。

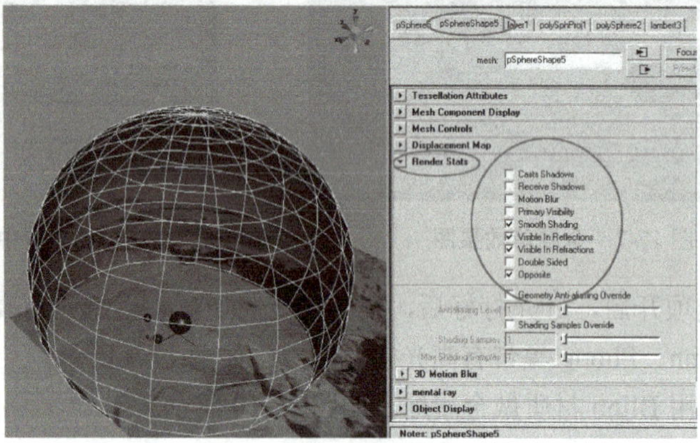

图 17-12　环境球的制作

最终效果如图 17-13 所示。

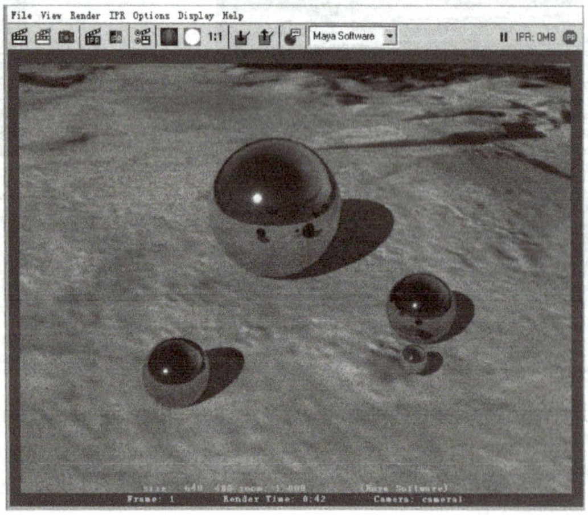

图 17-13　最终效果

17.4 工具节点的应用

工具节点在初学者眼里是一个陌生而且难以理解的词汇，其实它们就像是芯片组里的一个个具有特定功能的芯片。渲染中使用了某些特定的工具节点可以使得画面更加美丽。

1. Condition 节点

Condition 条件节点就像编程中的 if 语句过程，即如果满足当前给定条件的情况下如何处理，如果不满足所给条件又该怎么处理。条件节点的属性参数如图 17-14 所示。

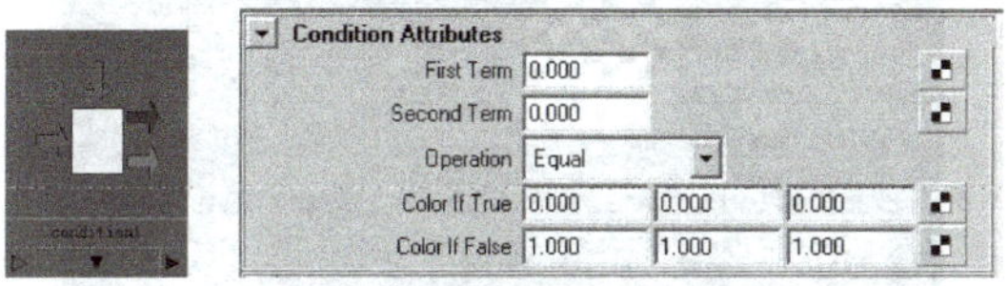

图 17-14　条件节点属性参数

图中的参数选项包括：

1）First Term：参数一。

2）Second Term：参数二。

3）Operation：关系条件，包括 Equal（相等）、Not Equal（不相等）、Greater Than（大于）、Greater or Equal（大于等于）、Less Than（小于）、Less or Equal（小于等于）。

4）Color if True：如果参数 First Term 和参数 Second Term 满足关系条件，则 Operation 输出 Color if True。

5）Color if False：如果参数 First Term 和参数 Second Term 不满足关系条件，则 Operation 输出 Color if False。

示例：

1）在空白场景中建立一个 Polygons 球，在面模式下框选删除球的一小部分面。如图 17-15 所示就可以同时看见球的里面和外面，随便给一个表面材质，本例子给的是 Blinn，这时候可以看出里外材质纹理都是一样的。

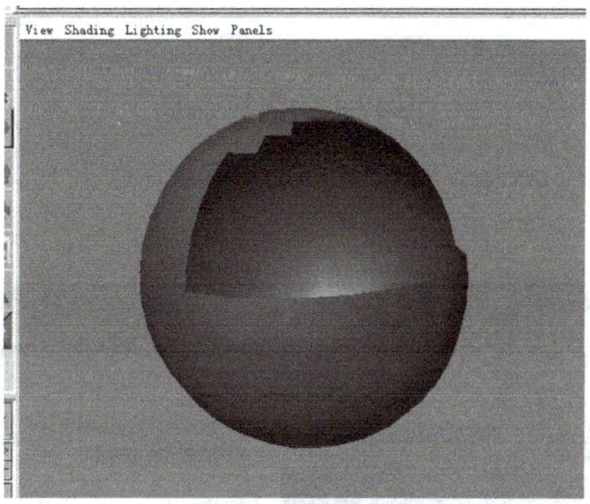

图 17-15　示例场景

现在我们要做的是，让这个物体的两面有不同的颜色表现，就像钱币有正反两面不同的图案一样。制作之前可以先想好，一个具有双面纹理材质的物体，如果是正面，那么就赋予纹理材质 A。如果是物体的反面，那么就赋予纹理材质 B。那么在制作过程中会出现的关键问题就在于如何判断物体表面的正反面。我们可以使用 Sampler info 节点的 Flipped Normal 参数来判断物体表面的正反。

2）打开 Hypershade，将 Sampler info，Condition 节点创建好，另外挑两个纹理节点，如图 17-16 所示。

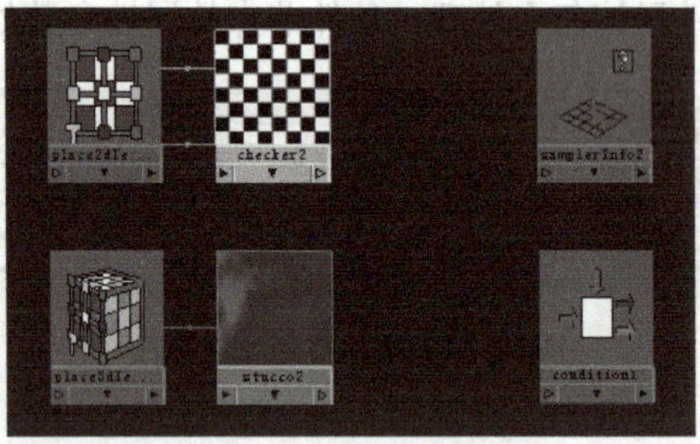

图 17-16　准备节点连接

3）用鼠标中键拖动 Sampler info 节点到 Condition 节点上后，释放鼠标中键，在弹出的快捷菜单中选择 Other，打开节点属性连接编辑器。单击 Sampler info 节点的 Flipped Normal 属性后再单击 Condition 节点的 First Term 属性，使用二者建立连接，如图 17-17 所示。

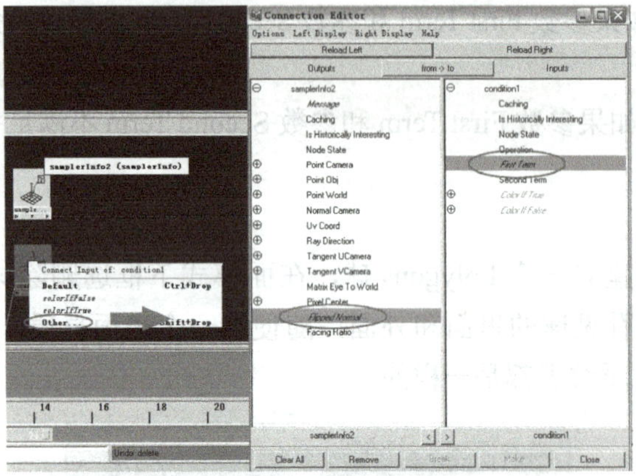

图 17-17　属性连接

4）按住鼠标中键拖动 Checker 节点到 Condition 节点上后，释放时选择 ColorIfFalse，如图 17-18 所示。

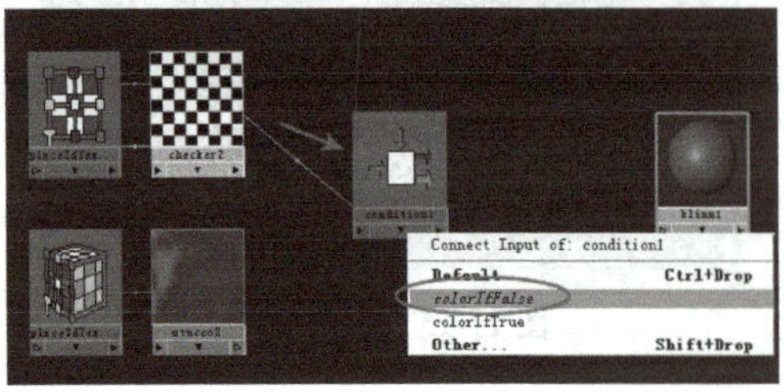

图 17-18　选择 ColorIfFalse 选项

5）按住鼠标中键拖动 Stucco 节点到 Condition 节点上后，释放时选择 ColorIfTrue，如图 17-19 所示。

6）按住鼠标中键将 Condition 节点拖动到 Blinn 材质球上后，释放时选择 Color，如图 17-20 所示。

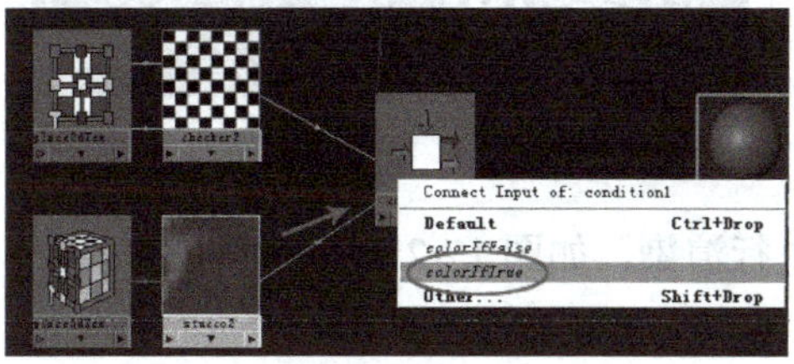

图 17-19　选择 ColorIfTrue 选项

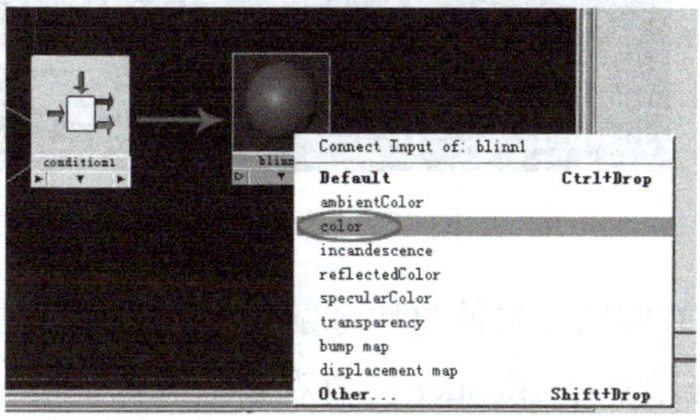

图 17-20　选择 Color 选项

7）最后渲染可以看到球的里面和外面的材质纹理完全不一样了，如图 17-21 所示。

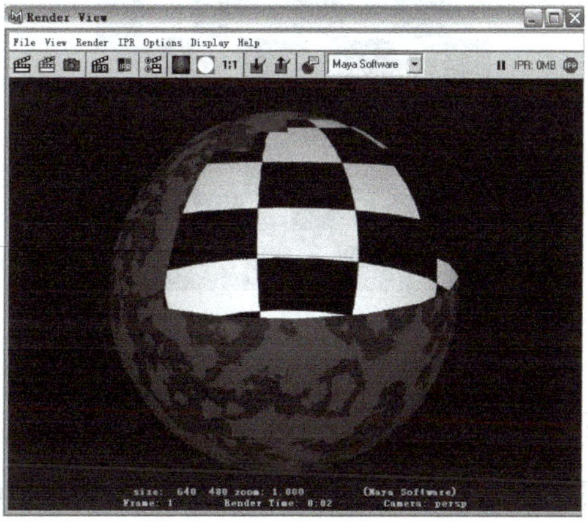

图 17-21　双面材质

2. Blend Colors 节点

Blend Colors 是色彩混合节点，它可以将两种不同的颜色和材质融合到一起，再通过参数 Blender 来控制两者的融合程度，如图 17-22 所示。

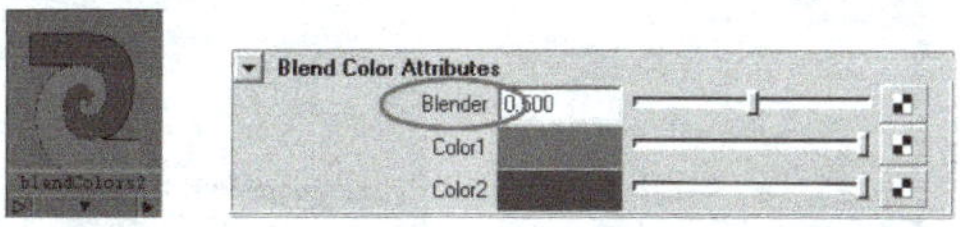

图 17-22　Blender 参数设置

当 Blender 值取 0 时，输出为完全 Color2 的值；当 Blender 值为 1 时，输出为完全的 Color1 的值。下面以一个简单示例加以说明。

1）打开 Hypershade，创建一个 Blend Colors 节点、一个 Checker 节点和一个 Ramp 节点，如图 17-23 所示。

2）将 Ramp 节点连接 Blend Colors 节点的 Color1 上。Checker 节点则连接在 Blend Colors

节点的 Color2 上。最后将 Blend Colors 节点与材质球的 Color 连接，如图 17-24 所示。

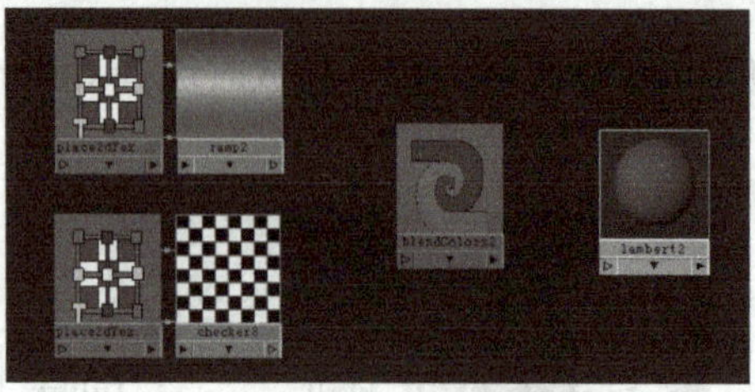

图 17-23　创建节点

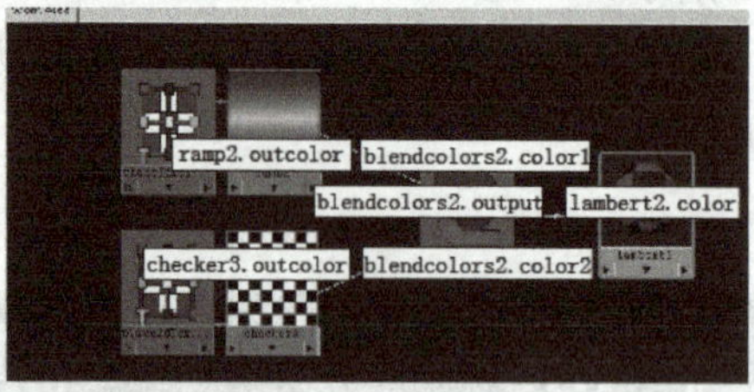

图 17-24　属性连接

3）将制作好的材质球赋予一个平面，并进行渲染，如图 17-25 所示可以尝试调节 Blend Colors 节点中 Blender 的值观察效果。

图 17-25　最终效果

17.5　玻璃材质与工具节点

前面已经介绍过金属材质如何制作，那么这一小节将学习如何调整玻璃材质。下面利用玻璃杯的练习来熟悉玻璃材质的制作方法，如图 17-26 所示。

1）按照上面的范例图片建立模型场景（见图 17-27），摆放摄像机镜头角度。将灯光打好，该范例使用的还是三点照明法。这些都是之前教过的操作步骤，在这里就不再详述。

图 17-26　玻璃杯最终效果

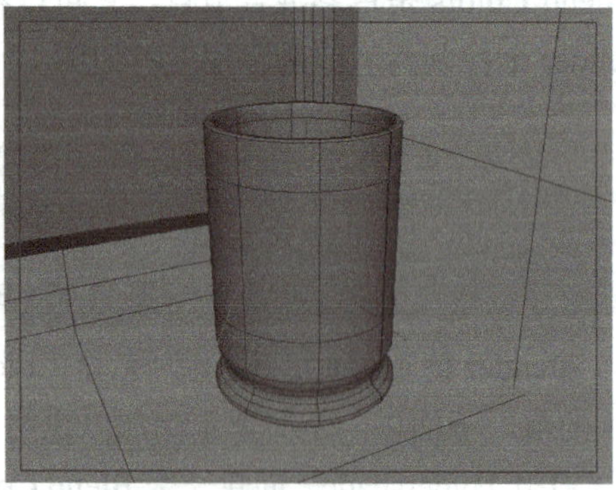

图 17-27　建立场景

2）选择主光灯，将阴影开启（见图 17-28），并且选择光线追踪阴影。制作玻璃制品一定要开启光线追踪阴影。这样影子才能产生半透明效果符合真实的玻璃制品阴影的规律。

在主光灯上开启光线追踪阴影后就必须在渲染全局设置里将光线追踪选项打开（见图17-29），这样才能使光线追踪阴影发挥效果。而且，制作玻璃金属等有反射的物体也必须开启这一选项，否则根本渲染不出反射效果。

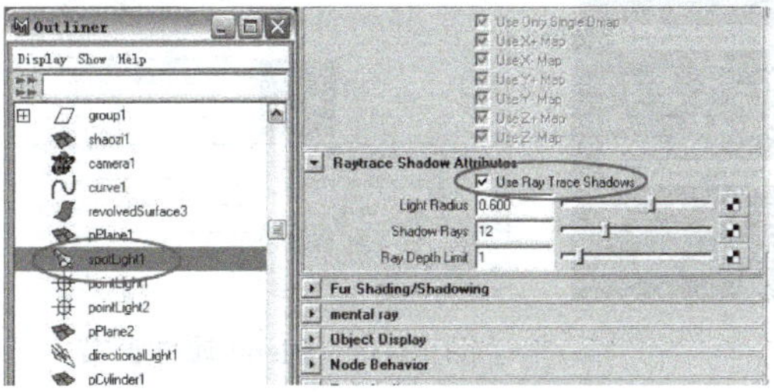

图 17-28　开启光线追踪阴影

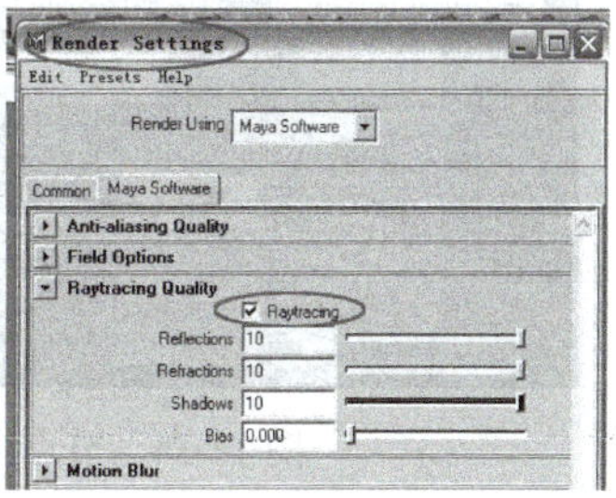

图 17-29　开启光线追踪选项

当上述设置都设置完毕后渲染看效果（见图17-30），这时候会发现，所设置的光线追踪阴影并没有发生效果，那是因为玻璃材质并没有制作完成，光线追踪阴影只会对透明物体产生效果。

3）现在开始制作玻璃材质。首先创建一个Blinn材质球，对材质球的基本属性先进行调节，如图17-31所示。

图 17-30　渲染看效果

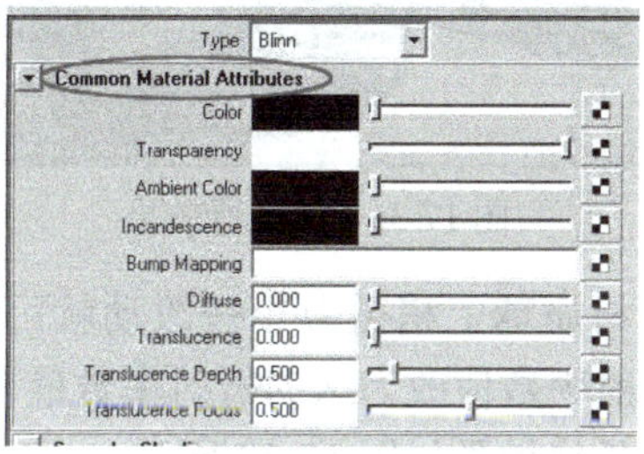

图 17-31　玻璃材质的基本属性

对材质球的特殊属性和折射率进行调节，如图17-32所示。

渲染出来看玻璃效果，如图17-33所示。

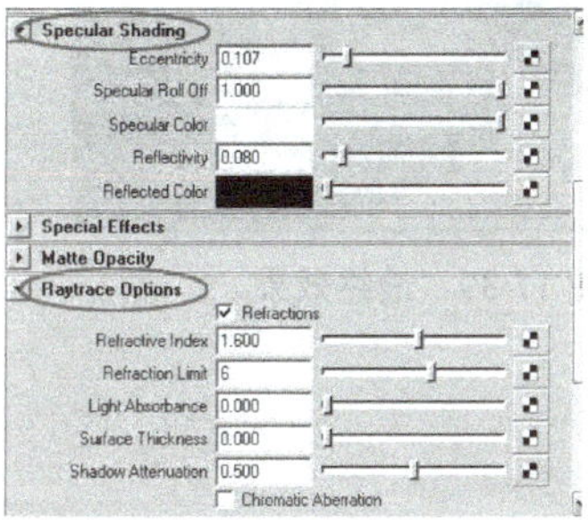

图 17-32　玻璃材质的特殊属性和折射率

图 17-33　渲染看效果

4）按照如图 17-34 所示的节点连接将玻璃材质进一步细化。

双击进入 Blend 属性调节对话框中，将原本的红色和蓝色换成白色和灰色，这样可以使得玻璃的透明度有一个变化，更加符合现实，如图 17-35 所示。

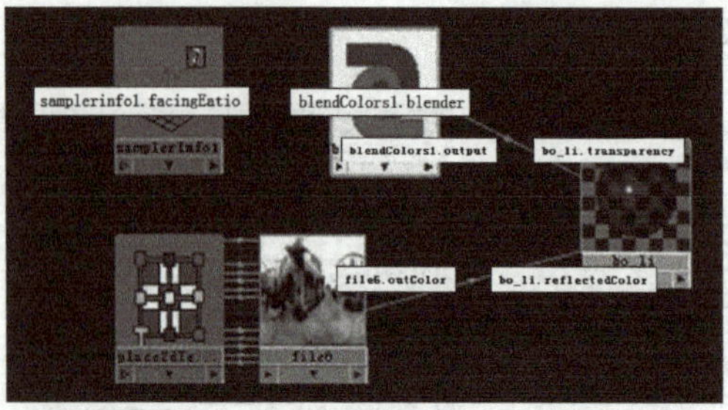

图 17-34　节点连接

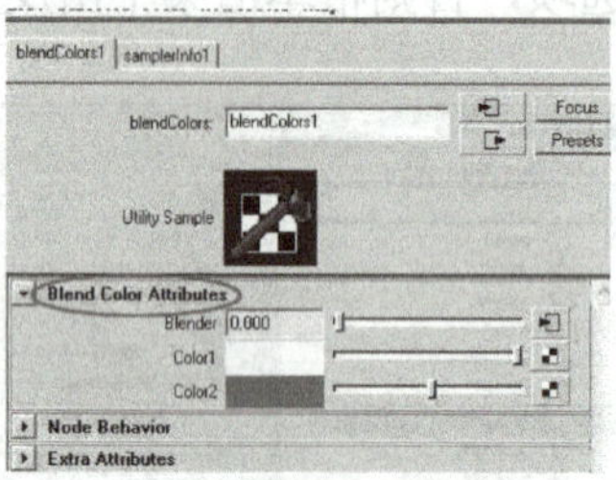

图 17-35　Blend 属性调节

渲染出的效果可以和没添加节点前的效果进行比较，如图 17-36 所示。

5）制作水，由于刚做完玻璃材质，所以水的材质相对来说要好做很多。选中玻璃材质球并选择 Edit → Duplicate → Shading Network 命令，复制出另一个材质球，并改名为水，如图 17-37 所示。

图 17-36　渲染看效果

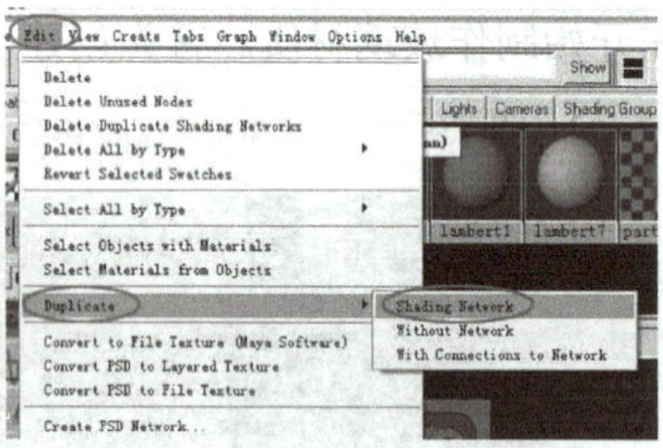

图 17-37　复制材质球命令

在玻璃材质球上稍微做一些改动就可以将水简单地制作出来，这个改动就是折射率。将玻璃的折射率数值改为水的折射率数值就可以了，如图 17-38 所示。

渲染出最终效果如图 17-39 所示。此时仔细观察影子，开启光线追踪后的影子十分漂亮。

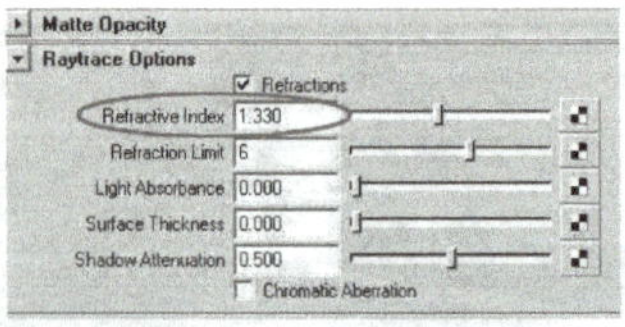

图 17-38　水的折射率设置

图 17-39　最终效果

17.6　Polygons UV 的理解

示例：

1）创建一个 Polygons 立方体，选中立方体后再选择 Window → UV Texture Editor 命令，

如图 17-40 所示。

立方体的 UV 被展开，如图 17-41 所示。

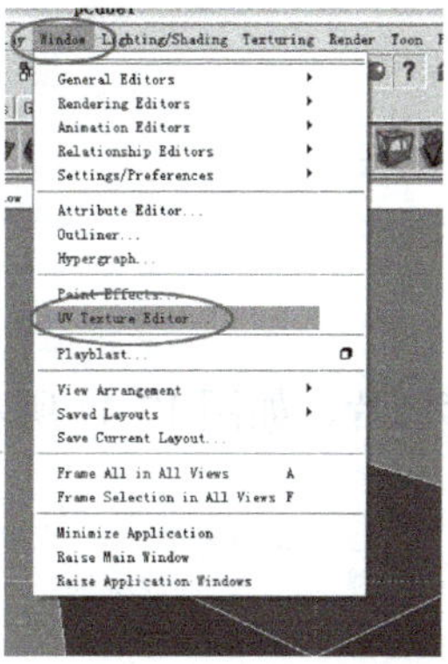

图 17-40　UV 编辑命令

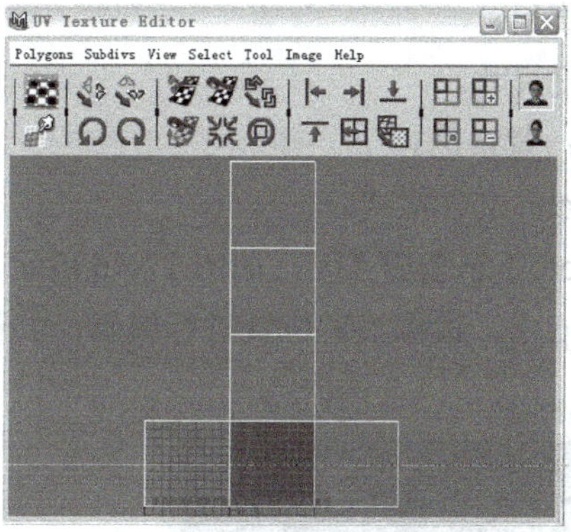

图 17-41　立方体 UV

2）右击鼠标拖动到 UV 选项上，如图 17-42 所示。

3）框选所有 UV 进行缩放，将所有 UV 放在灰色方格内，只有在灰色方格内的 UV 才会被保存下来，如图 17-43 所示。

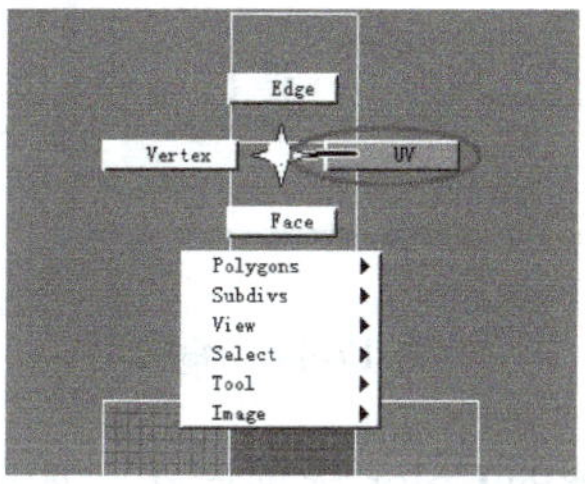

图 17-42　进入 UV 编辑

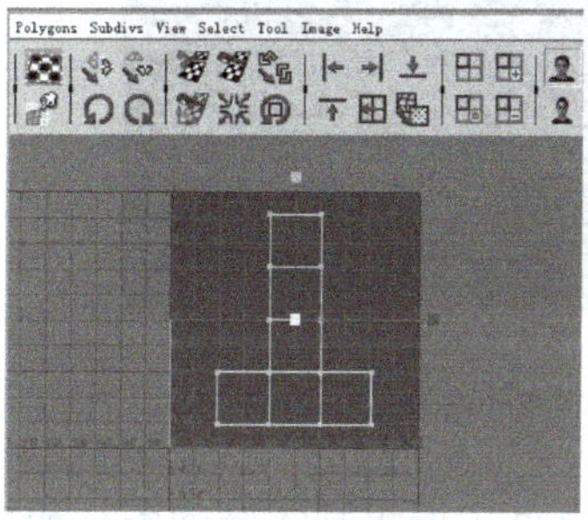

图 17-43　将 UV 进行缩放

4）UV 都整理好以后，选择 Polygons→UV Snapshot 命令进行保存，如图 17-44 所示。

5）在弹出的保存窗口中将大小及格式进行修改，如图 17-45 所示。

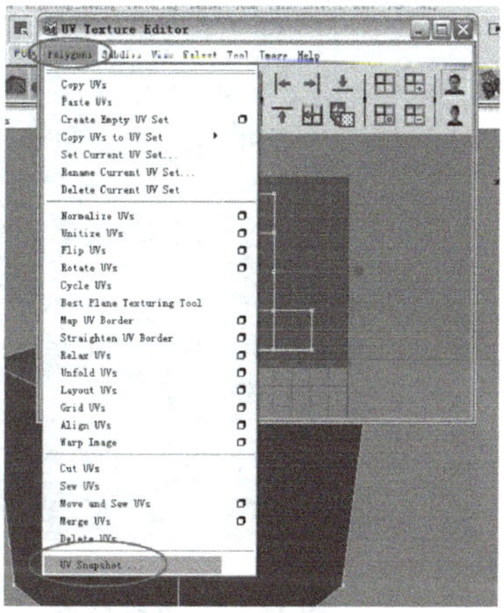

图 17-44　保存 UV 命令

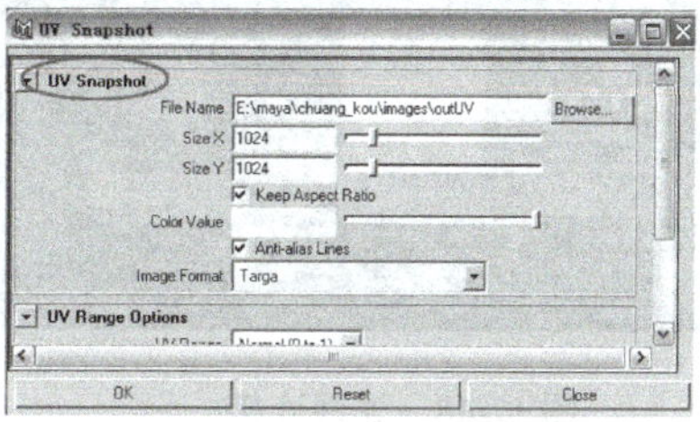

图 17-45　UV 保存属性

在 UV 保存窗口中的属性包括：

File Name：文件保存的路径。

Size X：长度尺寸。

Size Y：宽度尺寸。

Color Value：背景色。

Image Format：文件格式。

6）进入 Photoshop 打开 UV，如图 17-46 所示。

在 Photoshop 中，根据 UV 位置进行编辑，并保存图片，如图 17-47 所示。

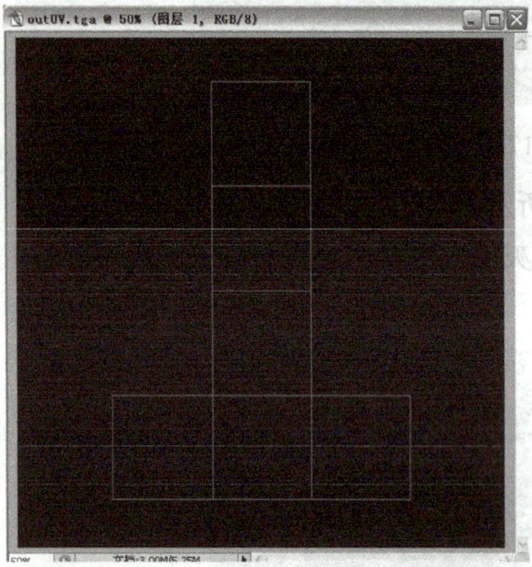

图 17-46　在 Photoshop 中打开 UV

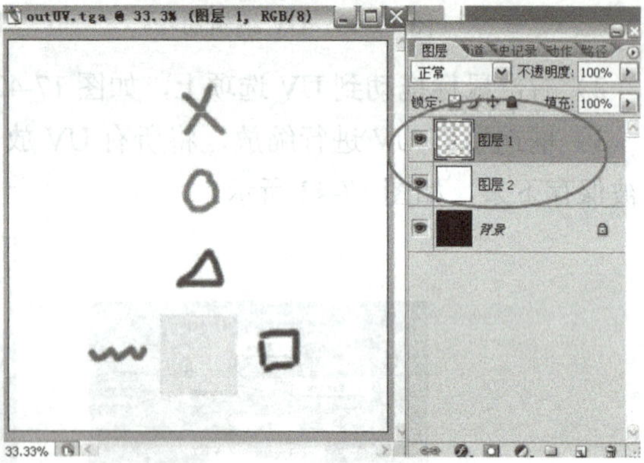

图 17-47　编辑 UV

7）将 Photoshop 中编辑制作好的图片和材质球的 Color 选项连接，如图 17-48 所示。

将材质球赋予立方体，按 <6> 键就可以看见之前所制作的图案已按指定位置赋予在物体上，如图 17-49 所示。

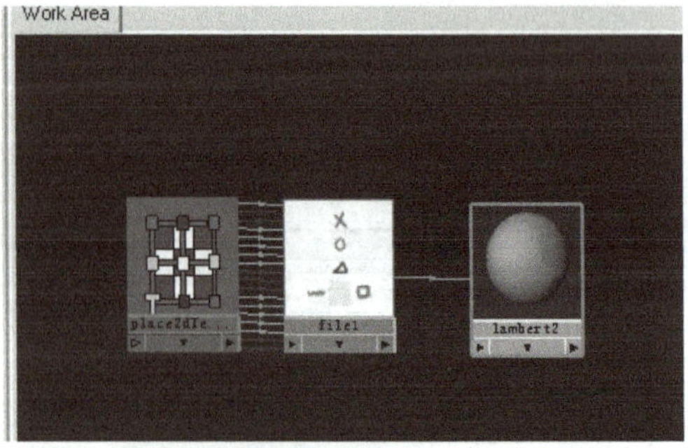

图 17-48　属性连接

图 17-49　最终效果

17.7 透明通道的作用

示例：

1）首先单击通道按钮，进入通道面板，如图 17-50 所示。

2）选中叶子后点击下面的将选区转化为通道的按钮，制作 Alpha 透明通道，如图 17-51 所示。

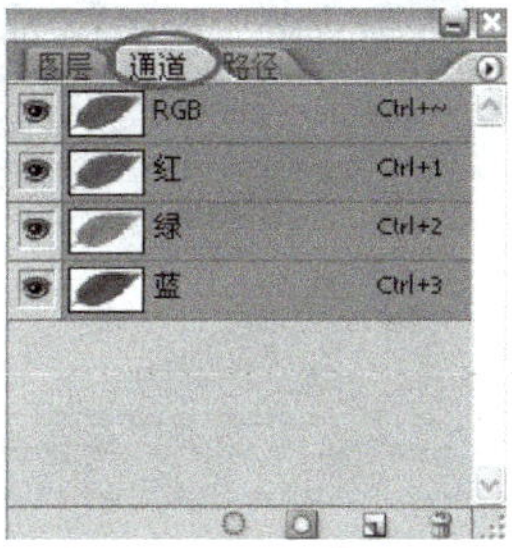

图 17-50　点选通道

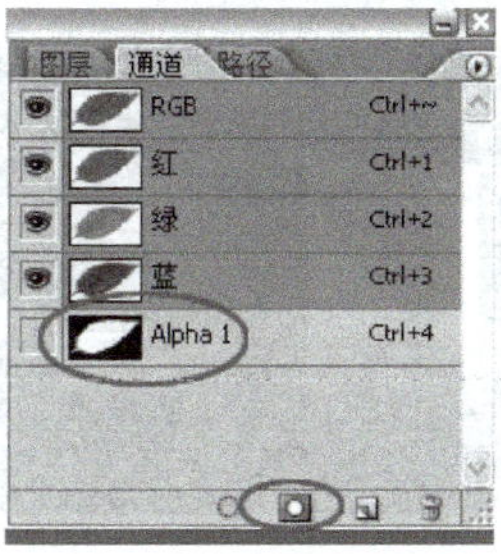

图 17-51　创建透明通道

3）透明通道制作完毕后，保存该图片，特别要注意保存格式一定要是 TGA 格式，因为 TGA 格式才是带有透明通道的格式。而 JPG、BMP 都不带有透明通道，如图 17-52 所示。

4）确定保存 TAG 格式后会继续弹出一个对话框，这时候一定要选择最大的分辨率，如图 17-53 所示。

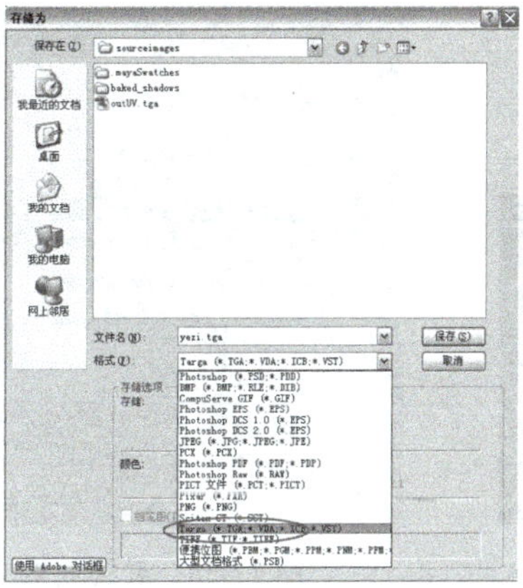

图 17-52　保存图片

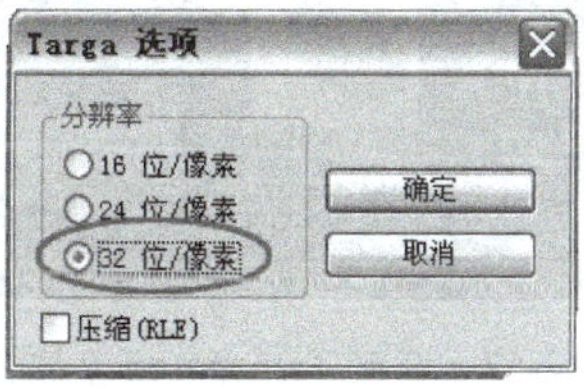

图 17-53　选择分辨率

5）打开 Maya，建立一个平面，如图 17-54 所示。

图 17-54　建立平面

6）创建一个Lambert，然后将之前所制作的TAG图片首先跟Color连接，如图17-55所示。

按数字 <6> 键，切换到纹理显示视图，可以看见叶子的纹理，可是边上还有白色部分，并不是需要的效果，如图 17-56 所示。

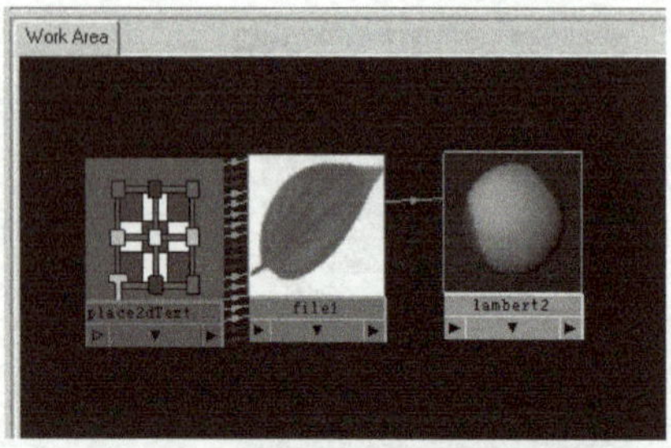

图 17-55　制作材质球并连接属性

图 17-56　叶子纹理图显示

7）重复步骤 6）的操作，只是连接到 Transparency 属性上。这时候上面所做的透明通道才真正发挥出作用，如图 17-57 所示。

仍然在纹理显示模式看效果，现在可以看出边缘白色部分已经没有了，只有叶子是可以直接被肉眼所看见的，通过点选，才可以看见创建的面片，如图 17-58 所示。

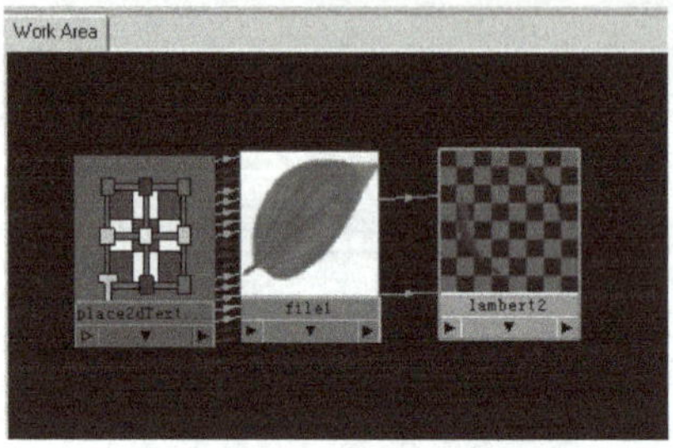

图 17-57　连接 Transparency 属性

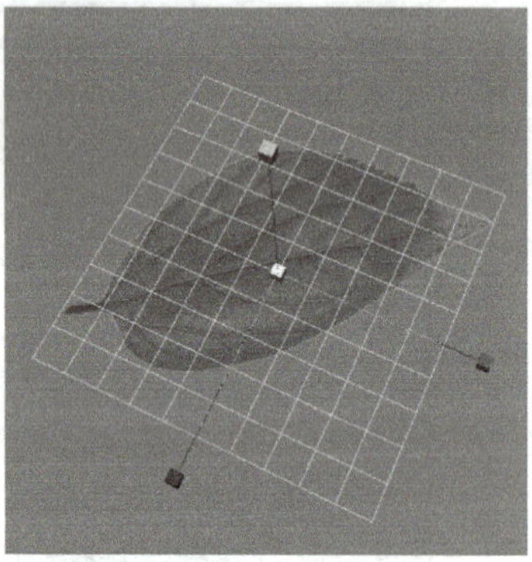
图 17-58　最终效果

17.8　小结

本章主要学习的是材质纹理制作，特别是金属、玻璃材质的制作。还学习了节点的应用，以及对 UV 的理解，这些都为日后制作整个场景，或者制作片头片尾金属效果的文字制作打下良好的基础。

第18章 渲染输出

渲染完成后自然要输出图片或成片，本章主要介绍如何设置输出，如何调整图片大小、图片质量等。

18.1 渲染的大小与质量

无论渲染静帧或是序列帧，都会涉及到图片的质量，质量越高，画片效果越好，渲染时间也就越长。一般情况下首先给客户看到的是小样，小样与成片相比大小上要小，画面质量比成片差。当得到客户确认以后即可输出最佳质量的成片了。渲染质量调整窗口，如图18-1所示。

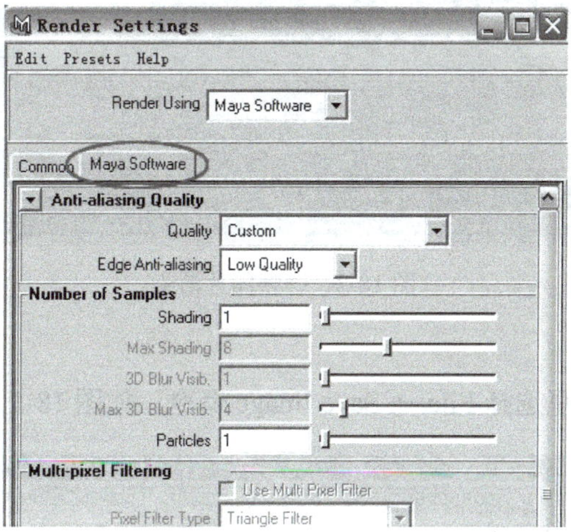

图 18-1 属性连接

Quality：质量。

Custom：常规。

Preview Quality：预览。

Intermediate Quality：中等质量。

Production Quality：产品级别。

Contrast Sensitive Production：高对比度场景渲染测试或最终渲染时使用。

3D Motion Blur Production：带运动模糊的。

Edge Anti-aliasing

Low Quality：低质量。

Medium Quality：中等质量。

High Quality：高质量。

Highest Quality：最高质量。

18.2 静帧渲染

静帧图片渲染好后可以直接保存使用，如图 18-2 所示。

图 18-2 静帧图片渲染

静帧渲染步骤：

1）在渲染器的菜单里选择 File → Save Image 命令，如图 18-3 所示。

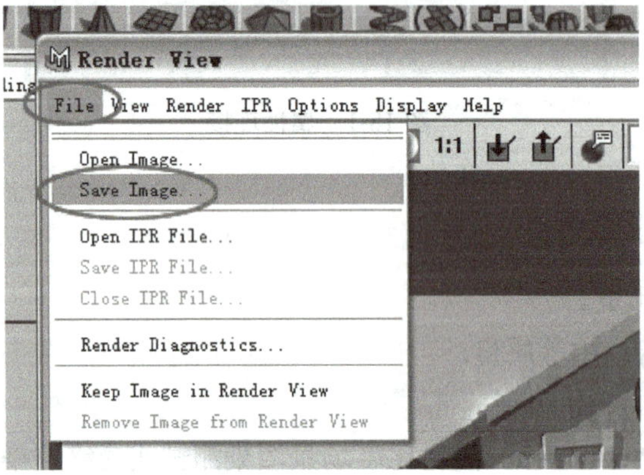

图 18-3 保存命令

2）这时候弹出一个对话框，默认保存的目录是自身工程目录下的 images 目录。尤其要改变的是文件格式，默认是 Maya 的 IFF 格式，一般浏览器是看不到图片的，在保存的时候打开文件格式选项，保存为常用的 JPG 格式，如图 18-4 所示。

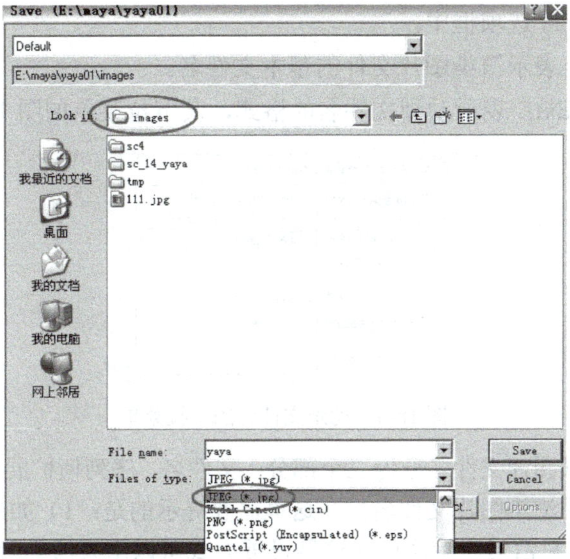

图 18-4　保存对话框

18.3　序列帧渲染

序列帧的渲染和静帧渲染完全不一样，其最重要的过程是在渲染全局设置里进行正确调整。

1）打开渲染全局设置，进入 Common 面板，然后找到 Image File Output 图像文件输出设置，根据制作片子的输出需要进行详细设置，如图 18-5 所示。

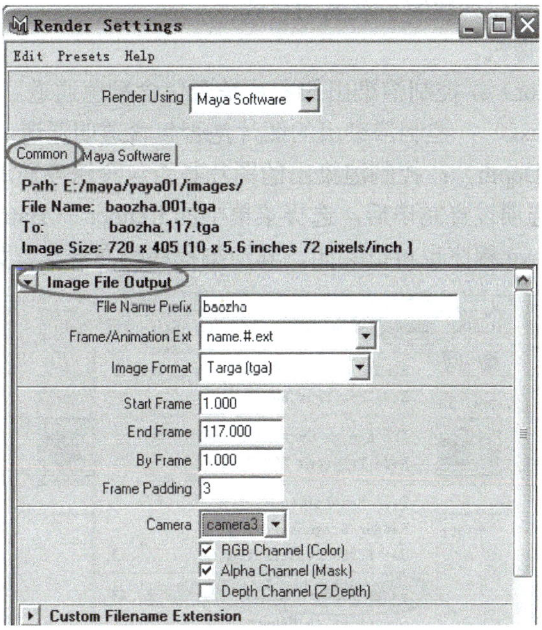

图 18-5　Image File Output 选项框

在 Image File Output 选项框中：

File Name Prefix：表示渲染图片文件的基本文件名。

Frame/Animation Ext：表示动画文件名的格式，其下拉菜单如图 18-6 所示。

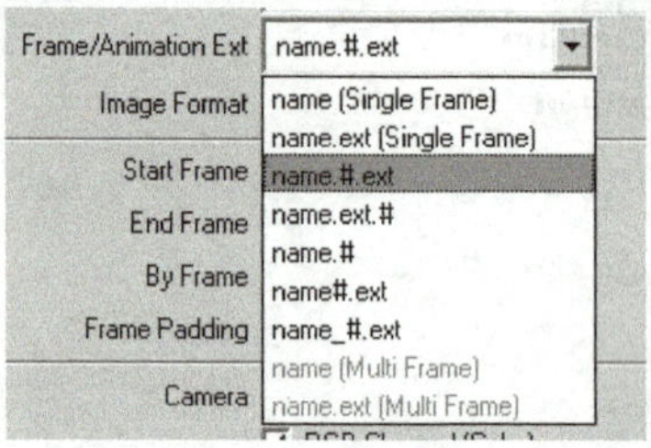

图 18-6 动画文件名的下拉菜单

渲染输出的序列帧图片文件名分为三个部分：文件名，序列帧扩展名，文件格式扩展名。三个部分合在一起构成渲染图片文件名。在这里需要提示的是：1）如果用户选择的选项中不包括 # 号，则 Maya 将只渲染一帧图像（这种设置方式可以用来渲染静帧图片）。2）如果选项中带有 # 号，则 Maya 将渲染序列（渲染序列的时候一般常使用的格式是 name.#.ext）。

动画文件名的下拉菜单中的选项包括：

Image Format：文件格式，一般选择 Targa 格式，因为 Targa 格式可以带透明通道，所以渲染出来的序列帧又叫 Targa 序列帧。

Start Frame：起始帧。

End Frame：结束帧。

By Frame：渲染动画时每几帧渲染一帧。如在参数栏中输入 1，渲染时每一帧都会渲染；在参数栏中输入 2，渲染时每两帧渲染一次。

Frame Padding：单帧序列数字扩展名的格式。

Camera：渲染的摄像机。

RGB Channel（Color）：控制渲染出的图片是否包含颜色通道。

Alpha Channel（Mask）：控制渲染出的图片是否包含透明通道。

Depth Channel（Z Depth）：控制渲染出的图片是否包含深度通道。

2）全局设置中的选项设置完毕后，选择菜单中的 Render → Batch Render 命令，这时候渲染就正式开始了，Maya 程序也可以关闭，其渲染程序仍在继续，如图 18-7 所示。

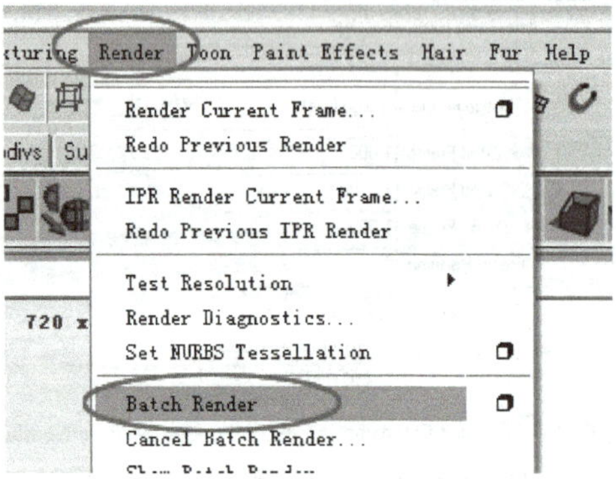

图 18-7 序列渲染

渲染完成后打开指定文件夹就可以看见渲染出来的序列文件，如图 18-8 所示。

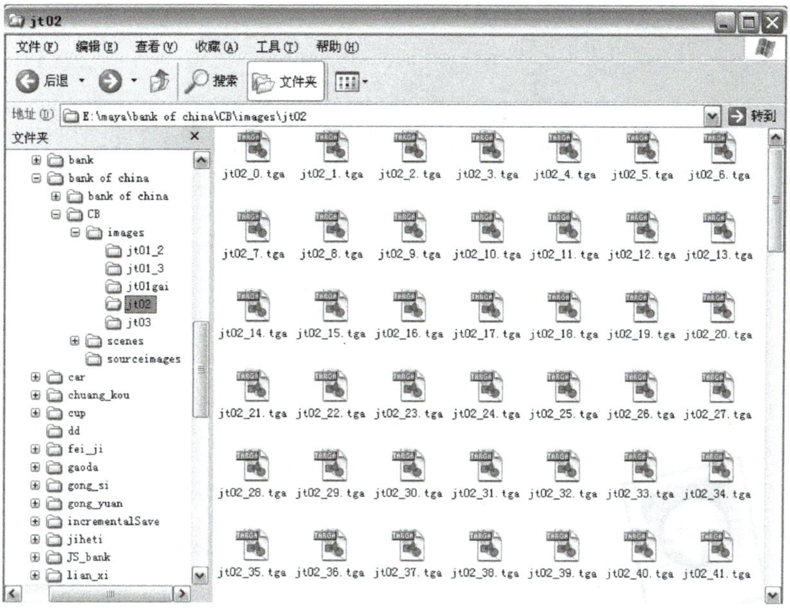

图 18-8　渲染出的序列文件

18.4　小结

本章是渲染模块的最后一章。无论是静帧渲染或是动画渲染，都有它所需要调节的属性，如何掌握这些属性调节出画面效果最佳的作品就需要看平时的经验了，渲染多了自然就形成一套自己调节制作的窍门。